U0159044

变压器振荡波绕组故障检测原理及应用

钱国超　周利军　刘红文　徐肖伟　／　著

西南交通大学出版社

·成　都·

图书在版编目（CIP）数据

变压器振荡波绕组故障检测原理及应用 / 钱国超等
著. —成都：西南交通大学出版社，2022.8
ISBN 978-7-5643-8803-4

Ⅰ. ①变… Ⅱ. ①钱… Ⅲ. ①绕组 – 变压器故障 – 故
障检测 Ⅳ. ①TM407

中国版本图书馆 CIP 数据核字（2022）第 136654 号

Bianyaqi Zhendangbo Raozu Guzhang Jiance Yuanli ji Yingyong
变压器振荡波绕组故障检测原理及应用

钱国超　周利军　刘红文　徐肖伟/著

责任编辑 / 李芳芳
封面设计 / 吴　兵

西南交通大学出版社出版发行
（四川省成都市金牛区二环路北一段 111 号西南交通大学创新大厦 21 楼　610031）
发行部电话：028-87600564　　028-87600533
网址：http://www.xnjdcbs.com
印刷：四川煤田地质制图印务有限责任公司

成品尺寸　185 mm×240 mm
印张　7.75　　字数　196 千
版次　2022 年 8 月第 1 版　　印次　2022 年 8 月第 1 次

书号　ISBN 978-7-5643-8803-4
定价　48.00 元

　　随着我国电力行业的大力发展，作为国家重要基础设施的变压器设备，其在维持国内交通设施、文娱产业、生产生活等方面具有重要意义，同时对于城市乃至整个国家也是重中之重。因此，保持变压器各结构工作的稳定性，保障变压器在电网长期运行中的安全性及可靠性，对于建设资源节约型、环境友好型社会以及促进国家经济、文化的深层次发展具有极其重大的意义。

　　变压器在装配运输和正常运作期间会受到机械力和电动力的作用，绕组在外力作用下引发轴向移位、径向屈伸、器身移位、绕组扭曲、鼓包和匝间短路等故障。当变压器绕组的早期潜伏性故障累积到一定程度后，会使变压器绕组的机械稳定性受到严重损害，逐步衍变为严重故障，使其抗短路能力大幅下降，而在遭受较小的冲击电流下也会引发大的事故，乃至变压器退出运行，造成大面积停电，带来不可估量的损失。鉴于目前大型变压器绕组状态检测技术的诊断信息较为有限，对绕组的故障类型、故障位置等较难做进一步深入分析且采集数据易受现场环境干扰等现状，在绕组状态检测技术方案的规划中，应结合大型变压器的特点，在原有检测技术的基础上提出创新性的变压器绕组检测技术，通过理论模型、试验验证及装备研制形成机械与绝缘一体化的检测体系。

本书第 1 章从变压器绕组状态检测的意义、短路阻抗法、频率响应法以及振动法等现有检测方法现状展开了详细阐述，简述了将振荡波应用于变压器绕组检测的意义；第 2 章介绍了变压器自激振荡波原理，分析了不同影响因素；第 3 章阐述了基于振荡波的试验平台与电磁模型构建以及典型绕组故障下振荡波的特性；第 4 章介绍了基于振荡波分段特征的绕组故障定位研究；第 5 章介绍了基于振荡波诊断的数据处理、特征提取与算法优化。本书在总体结构上将振荡波的机理研究与影响因素分析、典型故障下振荡波变化规律、基于振荡波定位与诊断的特征提取与算法优化以及后续的故障案例分析层层推进，力求做到通俗易懂和结合实际，使从事变压器绕组状态检测方面的技术人员从中获益。

　　本书撰写工作中得到了王东阳、张俊、周猛等同志的大力支持与帮助，在此表示衷心的感谢。

作　者

2022 年 3 月

1 绪 论

1.1　变压器故障检测的意义

随着我国电能传输规模的逐步扩大，特高压与大容量的电能传输系统是新的发展方向[1]。依据 2021 年中电联公布的电力行业官方统计数据：全国主要电力企业在 2020 年全年共计完成投资 10 189 亿元，相比于 2019 年增幅达 22.8%[2]。其中：新增发电装机容量达到 19 144 万千瓦，相比于 2019 年增长 8 643 万千瓦；220 kV 及以上输电线路回路长度累积达到 79.4 万千米，相比于 2019 年增幅达到 4.6%；220 kV 及以上变电设备容量 45.3 亿千伏安，相比于 2019 年增幅达到 4.9%；跨区输电能力达到 15 615 万千瓦（跨区网与网的输电能力为 14 281 万千瓦；跨区点与网送电能力为 1 334 万千瓦）。新时代背景下，我国电能传输系统逐步成为区域性乃至跨区域的大电网系统，形成了西电东送、南北互联以及全国联网的格局。

随着装机容量的增长和电网规模的骤增，电力设备作为电能传输系统的基本元件，相关投资在电网总投资中的占比为 60%~70% 以上[2]。作为电能传输系统中最重要的电气设备之一，能否实现变压器的可靠性运行对于整个电力系统的安全性和稳定性至关重要[3]。

变压器在运送和装配过程中会受到摩擦力的作用和机械碰撞，这些碰撞和摩擦将可能导致绕组变形。变压器绕组变形的定义如下：变压器绕组在电动力和机械力的作用下，绕组的大小或形状发生不可逆的变化，包括轴向和径向尺寸的变化、器身移位、绕组扭曲、鼓包和匝间短路等[4]。电力系统中可能出现的故障电流、合闸涌流等将会在变压器绕组上产生巨大的电动力，经过多次电动力的反复作用，绕组将发生轻微变形，且绕组抗短路能力将下降。运行中的变压器遭受突发短路后，其绕组首先也会发生松动或轻微变形，但当变压器绕组发生轻微变形时，变压器能够继续运行，当变压器绕组的松动和变形累积到一定程度后会使变压器绕组的机械稳定性受到较大影响，轻微的绕组变形可能发展成严重故障，其抗短路能力大幅下降而在遭受较小的冲击电流下也会引发较大的事故，乃至变压器退出运行，造成大面积停电，带来不可估量的损失[5]。

因此，运行中的变压器经历了外部短路事故后或运行一段时间后，必须进行例行试验与检修，及时发现并排除内部隐患。随着国家经济的发展，社会用电量逐渐攀升，越来越多的大型电力变压器得到应用。如何在变压器绕组发生轻微变形时对其进行检测，诊断绕组的运行状态，在发生严重故障前对故障进行排除，是提高电力系统供电可靠性必须解决的技术难题[6]。

1.2　变压器绕组故障检测技术现状

在实际运行中，当电力系统发生短路时，经过一些常规的电气测试分析，发现变压器的指标在正常范围内[7]。但发现在进行吊罩检查后，变压器的绕组已严重变形，而吊罩检查需要大量的人力、财力和物力。因此，在不需要挂盖拆下套管的情况下，具有良好可靠性和高精度的变压器绕组变形和套管状态检测技术对于降低电力变压器的事故率、确保变压器的安全运行具有重要意义。常见的变压器绕组检测方法有短路阻抗法、扫描频率响应法和振动法[8]。

1.2.1　短路阻抗法

短路阻抗法（Short-Circuit Reactance, SCR）由苏联首先提出，原理示意如图 1-1 所示，当变压器负载阻抗为零（二次侧处于短路状态时），工频激励下二次侧等效阻抗，即为短路阻抗[9]。由于极低的线圈电阻，短路阻抗数值大小取决于漏电抗数值。变压器的短路阻抗是指变压器的负荷阻抗为零及负载电流为额定值时，变压器内部的等效阻抗，反映了绕组与绕组之间或绕组与油箱之间漏磁通形成的感应磁势。短路阻抗的组成部分为电抗以及电阻两类分量。当变压器电压超出 110 kV，短路阻抗的绝大部分均由电抗分量构成，此时可将这两个数值近似等同。绕组漏电抗，也称为电抗分量。若频率恒定，漏电抗的大小主要受绕组位置及结构影响，从而导致短路阻抗随之发生改变。相关研究表明：短路电抗的数值变化超过 2%时，绕组可能发生了故障。由于诊断方法简单直观，短路阻抗法已被成功纳入变压器型式试验。

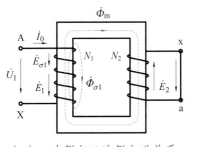
（a）一次侧与二次侧电磁关系

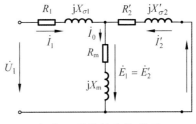
（b）T 型等效电路模型

图 1-1　短路阻抗法原理示意图

1.2.2　频率响应法

1978 年，加拿大学者 Dick 和 Erven 首次提出了频率响应分析法（Frequency Response Analysis, FRA）。该方法通过获取变压器两侧的电压信号，计算获得相应的频率响应曲线，从而利用频响曲线的差异来判断得出变压器绕组状态[10]。根据输入信号的不同，FRA 可分为脉冲频响法（IFRA）和扫频频响法（SFRA），本书讨论的频响测试中采用扫频频响法，测量频段为 20 Hz ~ 1 MHz。如图 1-2 所示为扫频频响法的基本原理。目前国内外关于频率响应方法的标准中，国标 DL/T 911—2016 使用分频段与相关系数的方法，对可能产生的故障类型进行了定性描述，并给出了绕组轻度故障、中度故障和重度故障三种故障状态；IEEE Std C 57.149—2012 中根据不同的接线方式测量给出了建议，也按照相关系数等方法区分绕组的故障程度。不过标准的应用需要专业技术人员，而且提出的定性分析指标是直接对频率响应曲线进行处理，可见基于 FRA 方法的绕组诊断方法仍需更深层次的研究。

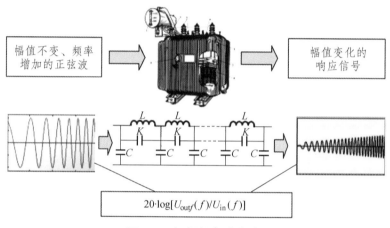

幅值不变、频率增加的正弦波

幅值变化的响应信号

$$20 \cdot \log[U_{\text{out}}(f)/U_{\text{in}}(f)]$$

图 1-2　扫频频率响应法

1.2.3　振动法

振动法的基本原理是通过在变压器油箱上固定位置安装传感器，以采集变压器在线运行时产生的振动信号，然后利用信号分析方法提取信号特征判断变压器铁心和绕组是否发生故障[11]。国内外学者对变压器振动信号的产生进行了大量的理论研究，当铁心发生故障或绕组发生机械变形时，其所产生的振动信号会发生改变。振动法分析绕组变形的关键点是采用有效的数据处理方法提取振动信号的特征参量，Garcia 和 Burgos 主要分析了振动信号 100 Hz 下的振动幅值，研究了振动信号相位和绕组状态之间的关联性；河海大学马宏忠以及西安交通大学汲胜昌提出振动信号包含多倍频振动成分，多倍频下的振动幅值也可有效反应绕组状态，并通过傅里叶变化和小波变化分析了振动信号的频域能量谱分布，结果表明绕组诊断结果与实际故障一致。振动法是目前变压器绕组在线检测方法的热点，由于传感器贴合在变压器油箱壁上，因此，对于电力系统和变压器本身不会产生电气影响。但由于在变压器现场的电磁环境较为恶劣，振动信号采集时易受电磁干扰，对信号采集系统要求较高，且当绕组短路故障或存在过电压，变压器油箱可能会有高压存在，对测试人员有一定的安全隐患。同时获取振动信号后进行去噪、频谱分析等处理都需要专业的工程人员，目前还没有完善的振动信号特征评估系统。

1.3 白激振荡波法简述

振荡波局部放电法是近几年来产生的一种适合在现场条件下检测电缆局部放电的新技术[12]。该技术基于 LCR 阻尼振荡原理，在对电缆直流充电的基础上，通过内置的高压电抗器、高压实时固态开关与试品电缆形成阻尼振荡电压，在试品电缆上施加近似工频的正弦电压波，激发出电缆缺陷处的局部放电信号，基于脉冲电流法高灵敏度检测局部放电信号，配合高速数据采集设备完成局部放电信号的检测采集。西南交通大学学者基于由变压器及相关设备组成的天然振荡回路，在施加直流电压后将变压器星形绕组的中性点快速接地，获得并分析自激振荡频率、振荡时间、衰减系数等特征参数，实现了绕组常见故障检测，该方法具有测试时间短、抗干扰能力较强的优点[14]。

由表 1-1 可知，现场变压器绕组故障检测领域，尚没有一种完全可靠、准确且高效率的方法。目前电网内 110 kV 及以上变压器常年预试任务繁重，可停电小时数较少，如何在最短的时间内完成变压器绕组的状态检测尤为重要。随着电力系统容量和负荷的不断发展，十分有必要提出一种高效率及高准确率的绕组故障诊断技术[13]。

表 1-1 现有方法的优缺点

现有方法	优点	缺点
短路阻抗法	测试简单	灵敏度较差
频率响应法	灵敏性高、重复性好	测试时间长
振动法	无须电气连接	易受电磁干扰，信号采集系统要求较高

基于自激振荡波的现场变压器绕组变形检测技术具有很强的潜力，但仍缺乏理论分析，相关诊断方法和现场应用技术尚不成熟。为了提高现场变压器状态评估的准确性，本书针对变压器绕组变形故障开展研究，拟通过有限元计算、数值解析、现场测试等方法，基于"机理分析—振荡波建模—平台验证—故障诊断"的技术路线，提出一种基于变压器自激振荡波的绕组故障检测方法。

2 变压器自激振荡波机理及影响因素分析

2.1 变压器自激振荡波机理及验证

2.1.1 变压器自激振荡波机理

当有交流或瞬变的激励信号 U_{in} 注入变压器绕组时，变压器绕组可等效为一个由电容、电感、电阻、电导参数构成的无源的二端口网络。如图 2-1 所示为典型双绕组变压器一组绕组的等效电路模型。电路单元可选择匝或饼，对于大型变压器通常选取线饼为单元，其中，C_g 为对地电容，C_k 为饼间电容，C_t 为纵向等值电容，M 为线饼互感，L 为线饼自感，R_s 为线饼自阻。

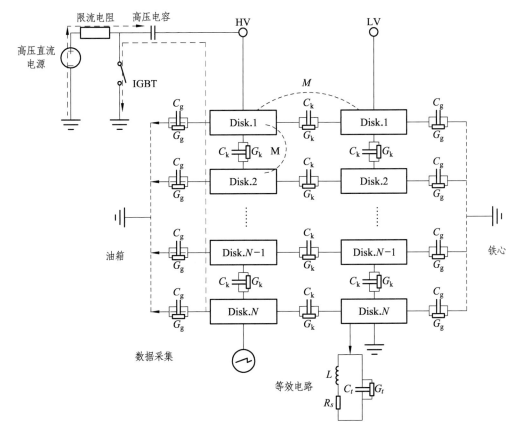

图 2-1　变压器绕组等效电路模型

变压器振荡波绕组故障检测原理为：变压器线饼间的电容及电感效应使得绕组等效为储能系统，其中电气结构决定了绕组等效电路参数，进一步影响电荷存储与释放速率。激励频率直接决定电荷存储与释放速率，在绕组中性点或某一端施加高压直流激励对系统充电，形成电荷积聚。此时，开关动作接地，绕组与电源系统切断连接。绕组电感和电容作用下电荷无法立即释放，产生反复充放电行为，在绕组末端形成振荡波。

根据标准 IEC 60071-2（ Insulation co-ordination - Part 2: Application guide,《绝缘配合第二部分应用指南》）可知，相同激励下暂态响应（即振荡波）与变压器绕组自身属性有关。因此，振荡波的特征与绕组的电气结构密切相关，可在一定程度上反映绕组结构的变化与该信号及绕组结构密切相关，可通过时域及频域下的同步分析，进行绕组状态分析。变压器振荡波试验如图 2-2 所示，自激振荡波形如图 2-3 所示。

（a）现场测试

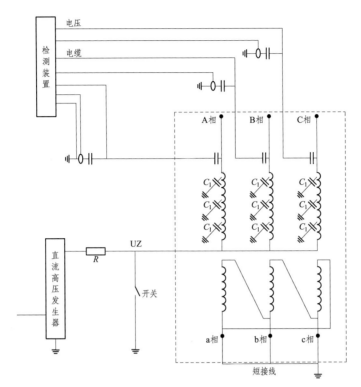

（b）实验原理图

图 2-2 变压器振荡波试验

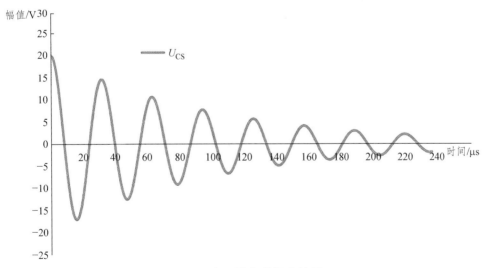

图 2-3 变压器自激振荡波形

2.1.2 现场变压器振荡波试验平台搭建

变压器振荡波原理是在变压器星形绕组中性点施加高压直流电压，通过绕组对地、绕组间电容进行充电，然后将中性点迅速接地，变压器绕组在失去激励后开始放电，由于在变压器铁心等作用下，变压器绕组表现出很强的感性，因此变压器开始自激衰减振荡放电，为进一步分析该现象，本书针对一台 500 kV/250 MV·A 变压器开展振荡波试验，其测试原理如图 2-4 所示。

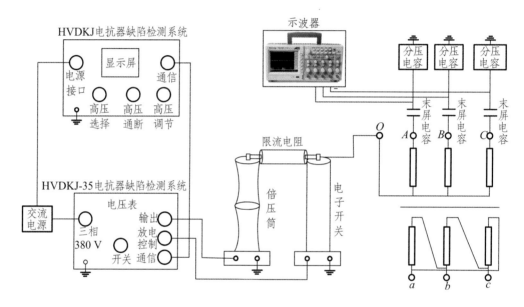

图 2-4　测试原理图

图 2-4 中，两台电抗器缺陷检测系统作为电源的产生和控制系统，中间接限流电阻和电子开关，用于保护电路和实现激励信号的通断，通过在变压器套管末屏串联分压电容进行响应信号的测量，信号的测量采用泰克示波器 DPO5204B，其采样率可达 10 GS/s。现场测试如图 2-5 所示。

本次试验变压器为单相三绕组变压器。现场测量时，使用高压直流电源配合高精度电源控制系统及高压分压电容实现暂态激励。测试项目主要包括：系统参数对自激振荡波的影响机理、变压器铁心及套管对自激振荡波的影响机理以及接线方式对自激振荡波的影响机理。

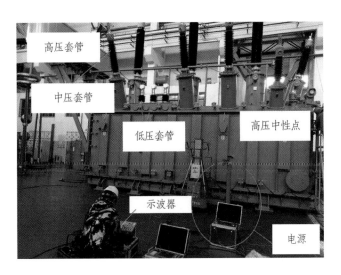

图 2-5 现场测试图

2.2 电压参数对变压器自激振荡波的影响

变压器绕组自激振荡波的原理是基于变压器自身耦合的电容、电感、电阻等参数，在高压侧中性点注入直流高压信号后迅速关断，完成变压器绕组一个充放电的过程，产生自激振荡波。而在进行变压器绕组自激振荡波现场试验时，使用的是高压直流电源激励，对电源开关选型等要求较高，所以探究测试系统参数对自激振荡波的影响，确定可用于变压器绕组自激振荡波试验的测试系统参数，对于变压器绕组自激振荡波的设备选型及现场试验测试来说都很有意义。本书主要从激励幅值、激励脉宽和激励暂态变化特性三种系统参数对振荡波的影响层面进行分析。

2.2.1 激励幅值对振荡波的影响

变压器在进行现场试验测试时，电压等级的提高可以减少现场环境对试验的干扰。而在进行变压器绕组自激振荡波现场试验时，使用的高压直流电压等级在 10 kV 以上，与大部分变压器绕组检测试验的电压等级（几百到几千伏不等）相比，电压等级相对提高很多，可有效减少现场环境对自激振荡波试验的干扰。而研究激励幅值对振荡波的影响，寻找去除现场环境干扰和电压等级的最佳平衡，对于自激振荡波的设备选型来说很有意义。基于 500 kV 变压器振荡波试验平台，对自激振荡波与激励幅值的相关性进行研究，分析变压器自激振荡波在 5 kV、10 kV、20 kV 和 40 kV 不同激励等级下的波形变化情况（见图 2-6），对 A 相、B 相、C 相的自激振荡波进行分析，研究 A、B、C 三相的自激振荡波形的关联性。

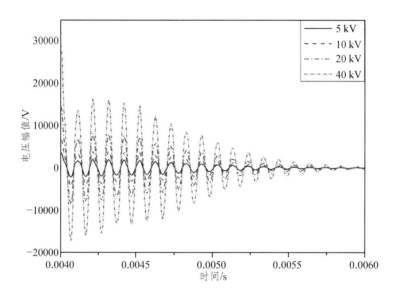

图 2-6　不同幅值 A 相自激振荡波对比

从图 2-6 能够看到，自激振荡波 A 相波形各激励电压等级下，振荡波的趋势基本一致，波峰波谷的个数完全一样，衰减的时间也基本一致，仅是在幅值上存在差别。也就是说，随着激励幅值的变化，自激振荡波 A 相的波形也跟着变化，重复性良好。为了更具体地分析自激振荡波随激励幅值的变化情况，需要对振荡波刚发生时的波形进行具体的分析，如图 2-7 所示。细节图中可明显看出自激振荡波的波峰波谷出现的时间、衰减时间、衰减的趋势跟激励幅值的变化没有关系。自激振荡波形在波峰和波谷的位置，随着激励幅值的不同，自激振荡波 A 相的电压幅值也跟着改变，存在倍数关系，即当激励幅值变化时，变压器自激振荡波只有幅值的差异，不影响振荡过程。

对 A 相的自激振荡波波形进行分析，较易得出自激振荡波的振荡过程不受幅值影响的结论。B、C 两相输出的自激振荡波波形如图 2-8、图 2-9 所示，分析也能得出相同的结果。

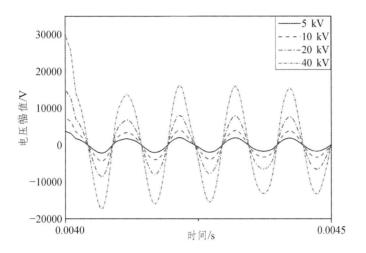

图 2-7　不同幅值 A 相自激振荡波细节对比

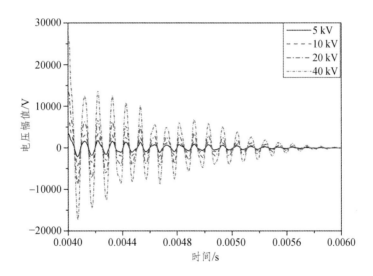

图 2-8　不同幅值 B 相自激振荡波对比

　　综合 A、B、C 三相输出的变压器绕组自激振荡波能够看出，当激励幅值改变时，变压器绕组自激振荡波的振荡波过程不变化，激励幅值的改变只是改变了振荡波的幅值，而且振荡波的幅值随着激励幅值的变化而相应变化。自激振荡波形在波峰和波谷的位置，随着激励幅值的不同，自激振荡波 A 相的电压幅值也跟着改变，存在倍数关系，即当激励幅值变化时，变压器自激振荡波只有幅值的差异，不影响振荡过程。因此，在进行现场试验时，在保证可有效去除现场环境对自激振荡波的干扰时，进行自激振荡波试验的电压等级可不用太高，这可有效降低研发高压直流电源的经费。

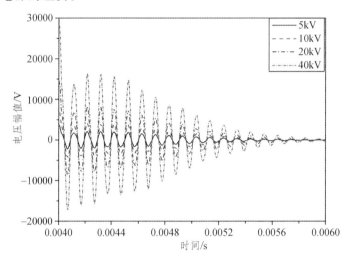

图 2-9   不同幅值 C 相自激振荡波对比

2.2.2   激励脉宽对振荡波的影响

变压器绕组的自激振荡，类似于一个电池充放电的过程，所以在进行高压直流注入时，高压直流激励的注入时间对自激振荡波产生影响。确定激励脉宽对自激振荡波的影响后，可以在设备选型上对输出的高压直流的脉宽进行控制，完善变压器绕组自激振荡波现场试验，所以研究激励脉宽对振荡波的影响不仅有助于丰富绕组形变理论，还有助于振荡波应用于实际变压器绕组检测。

基于 500 kV 变压器振荡波试验平台，分别对脉宽于 0.008 s、0.004 s、0.001 s、0.000 5 s、0.000 1 s 状态时输出的自激振荡波进行分析，振荡波测试结果如图 2-10 ~ 图 2-14 所示。

对比脉宽于 0.008 s、0.004 s、0.001 s、0.000 5 s、0.000 1 s 时自激振荡波 A、B、C 三相的波形变化情况能够发现，当脉宽在 0.004 s 或更高时，A、B、C 三相的自激振荡波波形完全一致，而脉宽小于 0.004 s 时，自激振荡波的波形情况会有所不同。特别是脉宽在 0.000 5 s 和 0.000 1 s 时两种波形的差别较大，0.000 5 s 脉宽时自激振荡波的三相重复性差别较差，而 0.000 1 s 脉宽时自激振荡波的三相重复性良好。

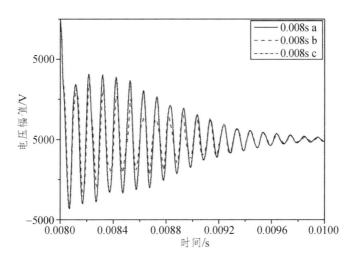

图 2-10　脉宽 0.008 s 时的自激振荡波

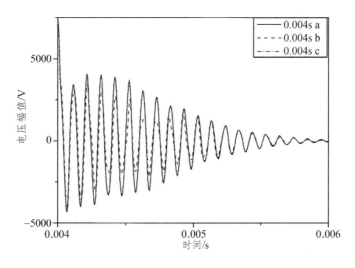

图 2-11　脉宽 0.004 s 时的自激振荡波

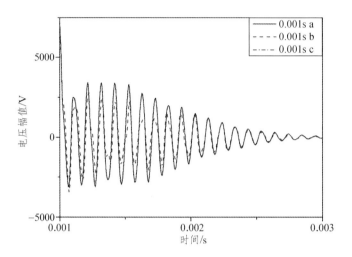

图 2-12　脉宽 0.001 s 时的自激振荡波

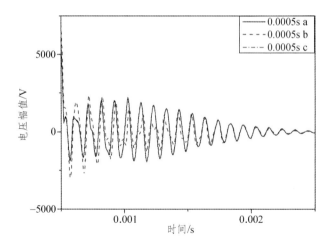

图 2-13　脉宽 0.000 5 s 时的自激振荡波

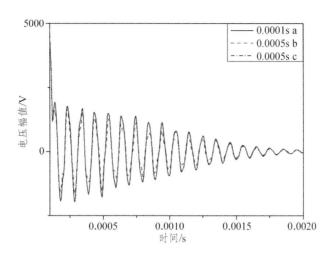

图 2-14 脉宽 0.000 1 s 时的自激振荡波

因此，脉宽大于一定阈值时，A、B、C 三相的自激振荡波波形情况基本不变；当脉宽小于一定阈值如 0.005 s 时，A、B、C 三相的自激振荡波波形存在差异，在这种情况下的自激振荡波波形变换情况值得进一步研究。而对于现场试验的稳定性而言，保持脉宽大于一定程度的条件下自激振荡波波形不受影响更有利于设备选型。

2.2.3　上升沿/下降沿对振荡波的影响

由于变压器绕组自激振荡波是基于电感、电容、电阻的耦合作用产生，所以上升沿、下降沿的时间势必会对自激振荡波的波形变化产生影响。而且在试验中得知振荡波对于激励暂态变化十分敏感。因此，有效分析激励暂态变化特征对振荡波的影响，对研究自激振荡波的暂态过程以及自激振荡波的最佳上升沿、下降沿有关设备暂态特性的选择具有重要意义。

针对搭建的 500 kV 变压器振荡波试验平台，对激励暂态变化特性上升沿和下降沿分别为 5 μs、10 μs、20 μs、50 μs、100 μs、200 μs 时的自激振荡波波形进行分析，研究激励暂态变化特性对振荡波的影响，如图 2-15 ~ 图 2-18 所示。

从下降沿分别为 5 μs、10 μs、20 μs、50 μs、100 μs、200 μs 下的自激振荡波图中能够发现，当下降沿为 5 μs 和 10 μs 时自激振荡波的波形基本一致；当下降沿大于 10 μs 时自激振荡波的波形与前两者就有所不同。特别是当下降沿时间为 100 μs 时，自激振荡波的幅值非常小，已经很难看到振荡的过程。因此，变压器绕组的自激振荡波跟激励暂态特性的变化有密切关系，当大于一定阈值如 10 μs

时，振荡波明显变弱，很难分析；当小于一定阈值如 5 μs 时，振荡波基本不变，重复性很好，便于分析。

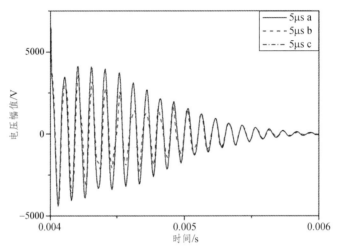

图 2-15　下降沿为 5 μs 时的振荡波

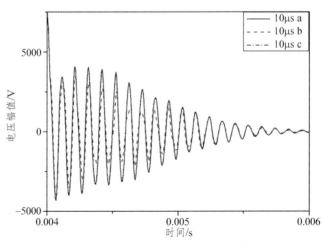

图 2-16　下降沿为 10 μs 时的振荡波

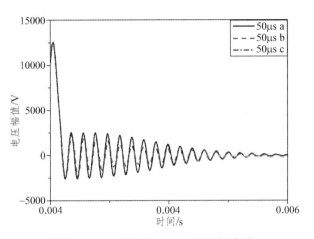

图 2-17 下降沿为 50 μs 时的振荡波

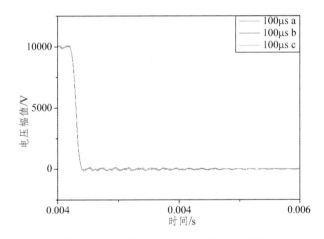

图 2-18 下降沿为 100 μs 时的振荡波

2.3 励磁阻抗及入口电容对自激振荡波的影响

变压器绕组自激振荡波现场试验时，变压器铁心及套管对输出波形影响较大，所以探究铁心及套管对自激振荡波的影响，确定可用于变压器绕组自激振荡波试验的铁心及套管参数，对于变压器绕组自激振荡波的设备选型、现场试验测试而言均非常重要。研究铁心及套管对自激振荡波的影响时，主要从励磁阻抗和入口电容两个方面进行分析。

2.3.1 励磁阻抗对振荡波影响

变压器的自激振荡原理为：由变压器漏抗或励磁阻抗与电容型套管、绕组对地和绕组匝间的杂散电容构成天然振荡回路，通过在变压器星形绕组中性点施加高压直流电压，通过绕组对地、绕组间电容进行充电，然后将中性点迅速接地，变压器绕组在失去激励后开始放电，由于在变压器铁心等作用下，变压器绕组表现出较强的感性，所以开始自激衰减振荡放电。当励磁阻抗改变时，变压器的等效电感会发生改变，因此，研究不同励磁阻抗下变压器振荡波的变化规律，对分析故障和不同磁导率等情况下分析变压器振荡波的变化较有意义。

基于 500 kV 变压器振荡波试验平台，针对变压器励磁阻抗为 60%、80%、正常、120%、140% 时的自激振荡波进行分析，研究励磁阻抗不同对 550 kV 变压器绕组自激振荡波的影响。

从图 2-19 和图 2-20 可以看到，当励磁阻抗减少时，自激振荡波波形有一个整体右移的趋势，并且随着励磁阻抗的减少，右移的幅度要大；而当励磁阻抗增加时，自激振荡波波形有一个整体左移的趋势，并且随着励磁阻抗的增加，左移的幅度要变大。因此，针对 A 相输出的自激振荡波波形分析可得，当励磁阻抗不同时，自激振荡波波形也不同，且当励磁阻抗减少时振荡波波形左移，励磁阻抗增加时振荡波波形右移。B 相输出的自激振荡波波形如图 2-21 所示，C 相同理可得出相同结论，如图 2-22 所示。

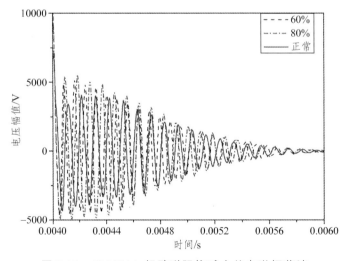

图 2-19　500 kV A 相励磁阻抗减小的自激振荡波

基于上述分析可以得出结论：当励磁阻抗减少时，自激振荡波波形有一个整体右移的趋势，且随着励磁阻抗的减少，右移的幅度逐渐增大；而当励磁阻抗增加时，自激振荡波波形有一个整体左移的趋势，且随着励磁阻抗的增加，左移的幅度变大。

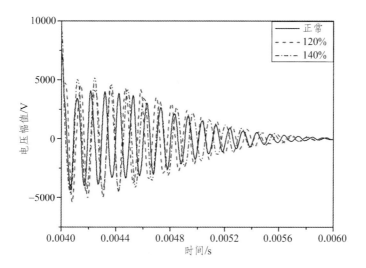

图 2-20　500 kV A 相励磁阻抗增加的自激振荡波

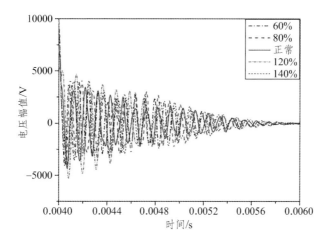

图 2-21　500 kV 励磁阻抗不同的 B 相自激振荡波

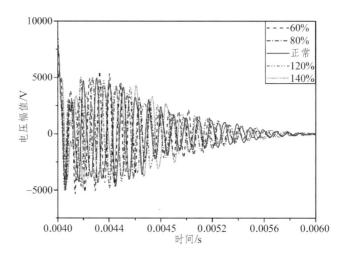

图 2-22　500 kV C 相励磁阻抗变化

2.3.2　入口电容对振荡波的影响

在进行变压器绕组自激振荡波现场试验时，高压直流电源注入变压器中性点的位置不同，入口电容会发生改变。因此，研究分析不同入口电容下振荡波的变化规律，对于探究现场试验时高压直流电源的注入位置具有重大意义。下面基于500 kV 变压器振荡波试验平台，对入口电容分别为 60%、80%、正常、120%、140%、200%时进行分析，振荡波测试结果如图 2-23~图 2-25 所示。

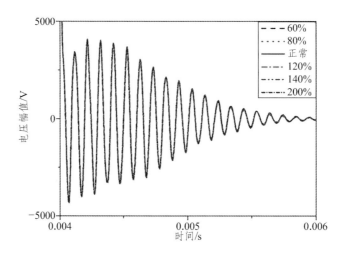

图 2-23　500 kV 入口电容不同的 A 相自激振荡波

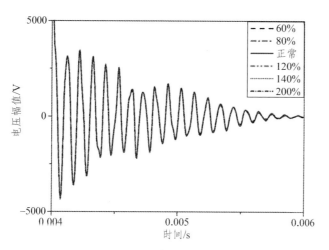

图 2-24　500 kV 入口电容不同的 B 相自激振荡波

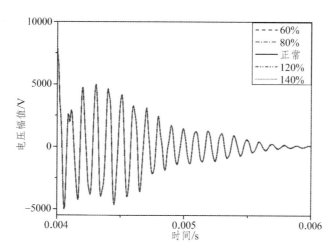

图 2-25　500 kV 入口电容不同的 C 相自激振荡波

从图 2-23~图 2-25 中能够明显看出，当入口电容变化时，500 kV 的自激振荡波的波形没有发生改变，即当入口电容改变幅度不大时，它的改变不会影响到自激振荡波。

2.4　接线方式对自激振荡波的影响

由于接线方式对输出波形影响较大，故进行自激振荡波现场试验时一同探究接线方式对自激振荡波的影响，有益于进一步对变压器绕组自激振荡波进行现场试验测试。研究接线方式对自激振荡波的影响时，主要从中压侧输出振荡波和低压侧输出振荡波两个方面进行分析。

2.4.1　中压侧输出对振荡波的影响

在高压侧绕组输入激励，通过高压绕组和中压绕组之间的电感电容耦合，在中压绕组上产生振荡波。如图 2-26 所示，在中压侧绕组的上、下端所产生的自激振荡波存在明显的差异性。中压上侧输出的振荡波在主谐振点处幅值明显大于中压下侧输出的振荡波，且振荡波衰减的幅值也要大于中压下侧。中压上侧振荡波整体向右偏移，但是上侧和下侧输出的振荡波谐振点数量相同，衰减趋势一致。

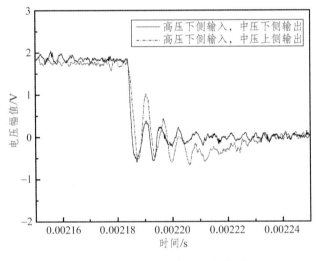

图 2-26　中压侧输出下的振荡波

2.4.2　低压侧输出对振荡波的影响

由图 2-27、图 2-28 可知，高压下侧输入，低压侧不同位置输出振荡波有明显的差异性。在第一、第二、第三个波峰处，低压下侧输出的振荡波幅值明显要大于上侧输出的值。在第一、第二、第三个波谷处，低压上侧输出振荡波幅值要大于上侧输出值，在衰减至稳定状态下，低压下侧输出振荡波的振荡频率高于上侧输出的振荡波。低压侧不同位置输出的振荡波的衰减趋势一致，均是逐渐衰减至

0 V 稳定状态，且主要的谐振点也未减少。

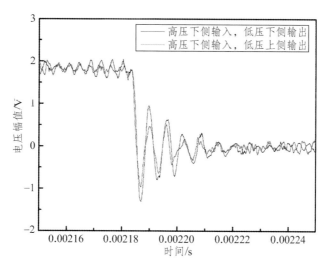

图 2-27　低压侧输出的振荡波

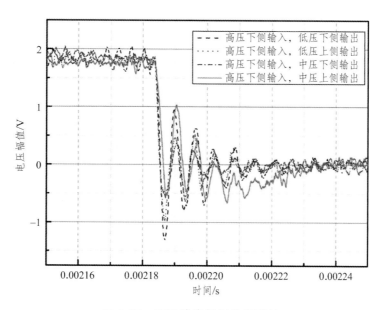

图 2-28　不同输出侧下的振荡波

2.5 本章小结

本章基于振荡波机理进行研究分析和试验装备研发，开展了 500 kV 变压器现场测试，在此基础上开展了系统参数、变压器铁心及套管、接线方式对自激振荡波的影响测试，主要结论有：

（1）当向变压器绕组一端注入直流激励，并通过开关实现直流激励的暂态变化时，在变压器内部绕组线饼间分布式电感和电容耦合作用下，产生了电荷的充放电过程，并会在绕组末端出现自激振荡现象。

（2）基于 500 kV 变压器现场测试试验，研究了电压参数对振荡波的影响，结果表明：激励幅值与振荡波幅值呈线性正相关；激励脉宽会对振荡波造成影响，可分为充电完全与充电不完全两种情况，脉宽足够大时放电完全后，再增加脉宽对振荡波已没有影响，充电未完全时振荡波会有明显的上下波动；激励暂态响应时间对振荡波影响最大，当激励上升沿和下降沿小于一定阈值（10 μs）时，满足频率要求后，振荡波保持不变，当高于这个阈值时，振荡波受到影响，幅值随响应时间增加而明显降低。

（3）基于 500 kV 变压器现场测试试验，探究变压器励磁阻抗和入口电容对振荡波的影响，结果表明：不同励磁阻抗下自激振荡波具有一定的差异性，当励磁阻抗减少时振荡波波形左移，励磁阻抗增加时振荡波波形右移；入口电容随着变压器中性点注入高压直流电源的位置不同而发生改变，但不会使振荡波发生改变。

（4）基于 500 kV 变压器现场测试试验，探究接线方式对振荡波的影响，结果表明：当高压侧注入激励时，中压侧和低压侧会产生耦合振荡。在中压侧绕组的上、下端所产生的自激振荡波有着明显的差异性，中压上侧输出的振荡波在主谐振点处幅值明显大于中压下侧输出的振荡波，且振荡波衰减的幅值也要大于中压下侧。中压上侧振荡波整体向右偏移，但是上侧和下侧输出的振荡波谐振点数量是相同的，衰减趋势一致。低压侧不同位置输出的振荡波的衰减趋势是一致的，都是逐渐衰减至 0 V 稳定状态，且主要的谐振点未减少。

3　变压器典型绕组故障的振荡波特性

3.1 变压器振荡波试验平台搭建

在现场实际运行的变压器中获得故障下振荡波曲线图较为困难，同时大型的变压器造价昂贵，故障模拟大部分是破坏性试验，进行绕组故障模拟需要付出较高的代价。因此，本书基于搭建的三相变压器绕组故障模拟试验平台，设置高、中、低压绕组分别由 32 个双饼每饼 12 匝、16 个双饼每饼 16 匝、16 个双饼每饼 32 匝组成，饼与饼之间通过高导电黄铜螺母连接。其变压器绕组结构如图 3-1 所示，铭牌参数如表 3-1 所示，进行大量的轴向移位、短路、并联电容故障模拟，获得相应的振荡波数据，为后续分析提供数据基础。

表 3-1   三相变压器参数

变压器参数类型	数值
变压器变比	10 kV/4.5 kV
额定功率	50 kVA
相位	三相
绕组高度	474 mm
高压绕组外半径	210 mm
中压绕组外半径	162 mm
低压绕组外半径	89 mm

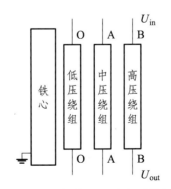

图 3-1   三相变压器独立式绕组

　　如图 3-2 所示为在实验室搭建的变压器试验平台，以等比例变压器的高压绕组为测试对象，搭建振荡波试验模拟平台并完成试验接线。根据第二章中研究可知：激励幅值只与振荡波幅值相关。因此，高压绕组的上部端口连接可编程函数发生器模拟周期性充电与放电，使用高精度示波器在绕组末端采集振荡波响应信号。

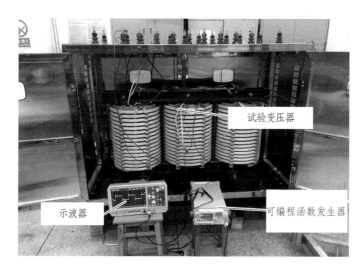

图 3-2　基于振荡波搭建的变压器试验平台

3.2　基于振荡波时频分布的电磁建模

　　根据标准 IEC-60076-18（SFRA of Power Transformers, Typical Test Sequences，《电力变压器的 SFRA 典型测试序列》）及现有研究可知：集总参数电路模型可用于模拟振荡波，该模型将变压器绕组分割成若干个单元。如图 3-3 所示，将单个线饼或者双个线饼作为一个单元。其中每个单元可等效为集总参数元件（电感、电容、电阻及电导）的组合，但是元件的连接方式参考分布参数电路。此时变压器绕组具有集总参数电路网络的相关性质。由于电路仿真软件在求解振荡波存在诸多难题，为此采用结合 MATLAB 和 Maxwell 的多物理场仿真方式，实现变压器绕组不同频段下振荡波的准确模拟。

　　图 3-3 的等效电路参数定义如下：

N_1：高压绕组的线饼数量；

N_2：低压绕组的线饼数量；

C_{g1}、G_{g1}：高压绕组的线饼对地电容及相应电导；

C_{g2}、G_{g2}：低压绕组的线饼对地电容及相应电导；

C_k、G_k：高压绕组与低压绕组的饼间电容及相应电导；

C_{t1}、G_{t1}：高压绕组线饼的纵向等值电容及相应电导；

C_{t2}、G_{t2}：低压绕组线饼的纵向等值电容及相应电导；

L_1：高压绕组线饼自感；

L_2：低压绕组线饼自感；

R_{s1}：高压绕组线饼自阻；

R_{s2}：低压绕组线饼自阻；

M：线饼之间的互感。

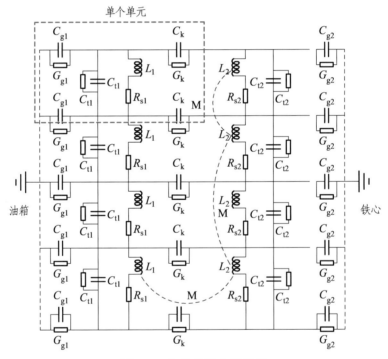

图 3-3　集总参数电路模型

3.2.1　考虑频变特性的电阻及电导参数计算方法研究

集总参数电路模型的电阻参数均可分为两部分：一部分属于绕组自身的电阻，如图 3-3 中的 R_{s1}；另一部分属于单个电路单元的纵向等值电容与对地电容的并联绝缘电导，分别为 G_{t1} 和 G_{g1}。以上两部分参数表征了单个单元自身电阻及绝缘损耗特性。

基于2.2.2节的理论分析可知：振荡波激励信号的频带范围较宽，激励信号中存在较高的频率分量。高频激励下线饼中的电流分布受到集肤效应和邻近效应的影响，随着激励频率提高，有效载流面积明显变小。不同激励频率下单位长度电阻计算表达式为：

$$R_s = \frac{1}{2(d_1 + d_2)}\sqrt{\frac{\pi f \mu}{\sigma}} \tag{3-1}$$

式中，d_1 和 d_2 分别为线匝横截面的长和宽。

同理，电导与流过导体电流的频率紧密相关，电导参数 G 与工作频率 f、电容参数 C、损耗因数 $\tan\delta$ 有关，不同激励频率下电导的表达式如下：

$$G = 2 \cdot \pi \cdot f \cdot \tan\delta \cdot C \tag{3-2}$$

其中，C 为等效电路中的电容参数；$\tan\delta$ 通过变压器出厂试验可以得到。

3.2.2　差异化绕组结构下电容参数计算方法研究

变压器内部各类绝缘能确保变压器安全地运行。不同绝缘配置下绕组匝间、饼间、绕组间、绕组与铁心、绕组与油箱之间均存在电容，因此下面针对变压器绕组不同电容参数进行详细解析。

1. 绕组对地电容

变压器的油箱及铁心均在运行过程中保持可靠接地状态，可防止悬浮电位带来的安全问题，因此，绕组对油箱及铁心均存在对地电容。F 绕组处于中间位置，其受到 HV 绕组与 T 绕组的屏蔽作用，所以，F 绕组的对地电容数值较小可忽略，只考虑 HV 绕组对油箱的对地电容以及 T 绕组对铁心的对地电容。

两同心绕组间的电容或最内侧绕组与铁心之间的电容可通过公式计算：

$$C_{gw} = \frac{\varepsilon_0 \cdot \pi \cdot R_m \cdot H}{r_{oil}/\varepsilon_{oil} + r_{soild}/\varepsilon_{soild}} \tag{3-3}$$

式中，ε_0 为真空的介电常数；R_m 为轴向油道的平均半径；H 为绕组的高度（若内外侧绕组的高度存在一定差异，可取平均高度）；ε_{oil} 为绝缘油介电常数；ε_{soild} 为固体绝缘介电常数；r_{oil} 为轴向油道的宽度；r_{soild} 为固体绝缘的宽度。

现有研究圆柱形导体对地电容的表达式如下：

$$C_{gw} = \frac{2 \cdot \varepsilon_0 \cdot \pi \cdot H}{\text{ar} \cosh\left(\dfrac{s}{R}\right)} \tag{3-4}$$

其中，R 和 H 分别为圆柱形导体的半径和高度；s 为绕组中心到地平面的距离。

结合上述两个公式可求得最外侧绕组与油箱之间的电容如下：

$$C_{gw} = \frac{2 \cdot \varepsilon_0 \cdot \pi \cdot H}{\text{ar} \cosh\left(\dfrac{s}{R}\right)} \left[\frac{r_{oil} + r_{soild}}{r_{oil}/\varepsilon_{oil} + r_{soild}/\varepsilon_{soild}} \right] \tag{3-5}$$

其中，ε_0 为真空的介电常数；R 和 H 分别为绕组的半径和高度；s 为绕组中心到地平面的距离；ε_{oil} 为绝缘油介电常数；ε_{soild} 为固体绝缘介电常数；r_{oil} 为轴向油道的宽度；r_{soild} 为固体绝缘的宽度。

2. 匝间电容

针对绕组线饼的匝间电容（C_t）求解如下：

$$C_t = \frac{\varepsilon_0 \cdot \varepsilon_p \cdot \pi \cdot D_m \cdot (h + r_{paper})}{r_{paper}} \tag{3-6}$$

其中，D_m 为绕组平均直径；h 为轴向导线裸宽；r_{paper} 为绝缘纸总厚度；ε_0 为真空的介电常数；ε_p 为绝缘纸的相对介电常数。

3. 饼间电容

变压器绕组在轴向两个连续线饼间的总电容如下：

$$C_T = \varepsilon_0 \left[\frac{k}{r_{paper}/\varepsilon_{paper} + r_{soild}/\varepsilon_{oil}} + \frac{1-k}{r_{paper}/\varepsilon_{paper} + r_{soild}/\varepsilon_{soild}} \right] \cdot \pi \cdot D_m \cdot (R + r_{soild}) \tag{3-7}$$

其中，D_m 为绕组平均直径；R 为绕组辐向直径；r_{paper} 为绝缘纸总厚度；r_{soild} 为辐向饼间垫块的高度；ε_{oil} 为绝缘油介电常数；ε_{soild} 为辐向饼间垫块介电常数；ε_{paper} 为绝缘纸介电常数；k 为俯视图中绝缘油占用的面积与总面积（包含绕组与绝缘油）的比率。

4. 绕组间耦合电容

同一芯柱上不同绕组的线饼数量存在明显差异。同时线饼也不存在一一对应的关系，而是相互错井。针对绕组间耦合电容使用公式法进行计算，物坤本质是将整个绕组等效为一个整体，会使得计算误差明显增大。同时根据现有研究可知：轴向移位、径向变形及饼间短路故障下的绕组间耦合电容的变化呈现非单调变化，即公式法无法准确计算不同绕组状态下的绕组间耦合电容。为此，使用电磁仿真求解线饼间耦合电容。相关的计算公式如下：

$$C_{ij} = 2\frac{W_{ij}}{U_{ij}^2} \tag{3-8}$$

其中，C_{ij} 为绕组第 i 个线饼和第 j 个线饼的饼间电容；W_{ij} 为电压施加在第 i 个线饼和第 j 个线饼的空间电磁能量；U_{ij} 为绕组第 i 个线饼和第 j 个线饼的电位差。

5. 纵向等值电容

集总参数电路模型中将单个线饼或多个线饼视为一个电路单元，线饼内部匝间电容（C_t）无法体现在电路中，为此使用单个电容等效为电路单元内部的电容特征，该电容定义为纵向等值电容（C_{t1}）。结合理论推导、有限元仿真和现场实测求解不同绕制方式下的纵向等值电容数值。

1）理论推导

（1）连续式线饼。

连续式绕组的绕制原理图可等效为图 3-4（a），N_D 为每饼的匝数。针对连续式绕组的纵向等值电容开展分析研究，绕组的绕制原理图可等效为图 3-4（b）等效电路图。其中：C_{turn} 定义为匝间电容；$C_{disk-trun}$ 定义为相邻线饼的匝间电容。从图中可知：每饼中的匝间电容 C_{turn} 的数量为（N_D-1）。相邻线饼间的交叉电容 $C_{disk-trun}$ 的数量为（N_D-1）。纵向等值电容为匝间电容和饼间电容的总电容。

定义施加在绕组端口的电压为 U，假设线饼中的电压呈现线性分布规律，则每匝的电压为（$U/2N_D$）。根据电容储能公式可得到表达式如下：

$$\frac{1}{2}C_{\text{turn}}\left(\frac{U}{2N_{\text{D}}}\right)^2 \cdot 2 \cdot (N_{\text{D}} - 1) = \frac{1}{2}C_{\text{TR}}U^2 \qquad (3\text{-}9)$$

根据式（3-9）得到匝间总电容 C_{TR} 的表达式如下：

$$C_{\text{TR}} = \frac{C_{\text{turn}}}{2N_{\text{D}}^2}(N_{\text{D}} - 1) \qquad (3\text{-}10)$$

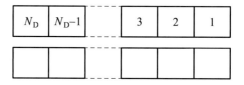

（a）示意图

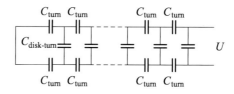

（b）单个线饼的单元图

图 3-4　连续式线饼

根据电容储能公式同理可以得到表达式如下：

$$
\begin{aligned}
E_{\text{n}} &= \frac{1}{2} \cdot C_{\text{disk-turn}} \cdot \sum_{i=1}^{N_{\text{D}}-1}\left(\frac{2 \cdot U}{2N_{\text{D}}} \cdot i\right)^2 \\
&= \frac{(N_{\text{D}} - 1) \cdot (2N_{\text{D}} - 1) \cdot C_{\text{disk-turn}} \cdot U^2}{12N_{\text{D}}} = \frac{1}{2}C_{\text{DR}}U^2
\end{aligned}
\qquad (3\text{-}11)
$$

根据式（3-11）得到饼间总电容 C_{DR} 的表达式如下：

$$C_{\text{DR}} = \frac{(N_{\text{D}} - 1) \cdot (2N_{\text{D}} - 1) \cdot C_{\text{disk-turn}}}{6N_{\text{D}}} \qquad (3\text{-}12)$$

因此双饼的纵向等值电容为匝间总电容加上饼间总电容：

$$C_{t1} = \frac{C_{\text{turn}}}{2N_D^2} \cdot (N_D - 1) + \frac{C_{\text{disk-turn}}}{6N_D} \cdot (N_D - 1) \cdot (2N_D - 1) \qquad (3\text{-}13)$$

（2）纠结式线饼。

纠结式线饼能够显著提高线饼的纵向等值电容，该类线饼的相邻线匝在电气上是互相连通的。这种结构设计可以使得相邻匝间电压明显提升，起始电压分布接近均匀分布。针对纠结式线饼，饼间电容的数值几乎不对纵向等值电容的数值产生影响。因为饼间电容的数值相对匝间电容数值可以忽略，所以在计算纠结式线饼的纵向等值电容时，只考虑匝间电容。相比于常规的连续式线饼，假设电压在线匝中均匀分布会使得纠结式绕组的纵向等值电容计算更加准确。

如图 3-5 所示的纠结式绕组，定义每饼的匝间电容数量为 $N_D - 1$，则每一对饼的匝间电容数量为 $2(N_D - 1)$。设 U 为一对线饼间的电压，穿过 N_D 个电容的电压为（$U/2$），穿过剩余（N_D-2）个电容的电压为（$N_D - 1/N_D$）×（$U/2$）。根据电容储能原理的公式可以得到双饼储存能量表达式：

$$E_n = \frac{1}{2} C_{\text{turn}} \left(\frac{U}{2}\right)^2 N_D + \frac{1}{2} C_{\text{turn}} \left(\frac{(N_D - 1)}{2N_D} U\right)^2 \cdot (N_D - 2) \qquad (3\text{-}14)$$

根据式（3-14）得到纵向等值电容的表达式如下：

$$C_{t1} = \frac{C_{\text{turn}}}{4} \left[N_D + \left(\frac{N_D - 1}{N_D}\right)^2 \cdot (N_D - 2) \right] \qquad (3\text{-}15)$$

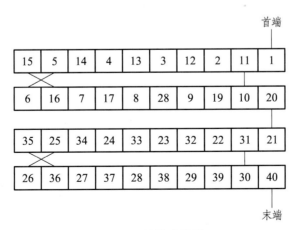

图 3-5　纠结式线饼

（3）内屏蔽式线饼。

相比于纠结式线饼，内屏蔽线饼的纵向等值电容数值相对较小。该绕制方式的优势在于：制造工艺难度较低，串联绕组中使用屏蔽线的方式可使电容呈现锥形分布的特性，同时电容分布与梯度电压分布互相匹配。缺点在于：屏蔽线会使得绕组空间系数降低，需要另外的绕线材料进行相应填充。同时线饼中每单位高度的安匝平衡被打乱，同时屏蔽线中的涡流损耗会使得变压器的总损耗相应提升。

内屏蔽式线饼的常规绕制方式如图 3-6 所示。为了方便计算纵向等值电容，定义施加在双饼上的电压为 U。每饼有 N_D 匝，且匝间电压为（U/N_D）。N_D 匝中每饼的前 k 匝均有屏蔽。同时屏蔽线采用相连的形式，且屏蔽线均处于悬空的状态。因此屏蔽线中每匝导线的电位相同。对于第 1 饼，任意导线匝的电位为：

$$U_c(i) = U - (i-1)\frac{U}{N_D}, \qquad i = 1, 2, 3, \cdots, N_D \qquad （3-16）$$

同理可知，第 i 屏蔽匝的电压为（其中第 1 个屏蔽取平均电位 $U/2$）：

$$U_c(i) = \frac{U}{2} - (i-1)\frac{U}{2N_D}, \qquad i = 1, 2, 3, \cdots, k \qquad （3-17）$$

定义 C_{sh} 表示屏蔽线匝 i 与相邻导线匝之间的电容，则该电容的储能能量如下：

$$E_{n_{s1}} = \frac{C_{sh}}{2}\left[\left(\frac{U}{2}\right)^2 + \left(\frac{U}{2} - \frac{U}{2N_D}\right)^2\right] \qquad （3-18）$$

根据图 3-6 的分析可知：有 $2(N_D-k-1)$ 个匝间电容，分别可计算得到匝间电容总能量 E_{nT}、饼间电容总能量 E_{nD} 以及总能量 E_n：

$$E_{nT} = \frac{1}{2}C_T\left(\frac{U}{2N_D}\right)^2 \qquad （3-19）$$

$$E_{nD} = \frac{1}{2}\frac{C_{DU} \cdot R}{3} \cdot U^2 \qquad （3-20）$$

$$E_n = kE_{n_{s1}} + kE_{n_{s2}} + (2N_D - i + 1)E_{nT} + E_{nD} \qquad （3-21）$$

该绕制方式下纵向等值电容为总能量除以总电压，如下所示：

$$C_{t1} = \frac{E_n}{U} \tag{3-22}$$

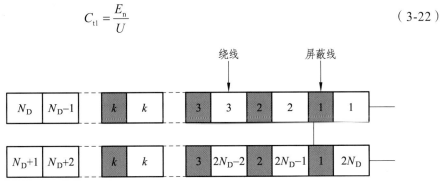

图 3-6 内屏蔽式线饼

2）试验与仿真验证

为了验证不同绕制方式下纵向等值电容理论推导正确性，联合变压器厂家加工了连续式线饼、内屏蔽式线饼，如图 3-7 所示。为了探究不同绕制方式下线饼的纵向等值电容演变规律，三种绕制方式的线饼与线匝均采用相同尺寸。线饼的相关技术参数如表 3-2 所示。单个线饼内径为 104 mm，外径为 129 mm。线匝尺寸为 2 mm×7 mm。三种不同绕制方式的线饼样本具体结构分析如图 3-8 所示。三种绕制方式的线饼均采用双层线匝排布，中间使用垫块实现上下两层线匝的隔离。单层线匝包含 12 匝，共计 24 匝。其中，连续式绕组结构最为简单，在线饼最内侧完成了换位，最外侧引出两根导线。相比于连续式绕组，纠结式绕组采用两根导线连续式并绕的形式，在线饼最内侧同时完成了换位。该种绕制方式的工艺难度最大、最为复杂。相比于纠结式绕组，内屏蔽式线饼的结构更为复杂。内屏蔽线数量 k 设置为 3，上下两层导线最外侧均包含 3 匝屏蔽线，屏蔽线和导线交错相连，同时屏蔽线之间电气连接且保持悬浮状态。如图 3-9（b）所示，通过一根引出线将线饼的屏蔽线串联连接，引出线饼的外部。

表 3-2 不同绕制方式线饼尺寸

参数	数据
绕组内径	104 mm
绕组外径	129 mm
线匝尺寸	2 mm×7 mm
匝数	24 匝
绝缘纸厚度	0.83 mm

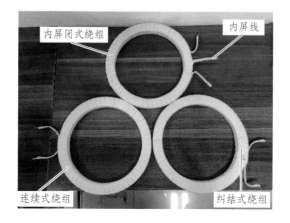

图 3-7   不同绕制方式的线饼

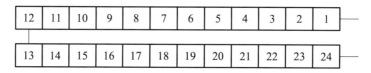

（a）连续式线饼

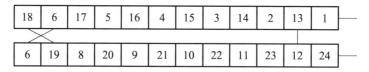

（b）纠结式线饼

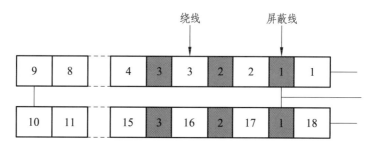

（c）内屏蔽式线饼

图 3-8   不同绕制方式绕组结构

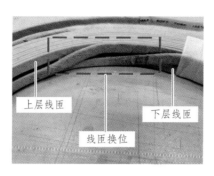

（a）纠结式线饼内部图

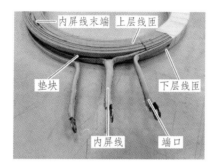

（b）内屏蔽式线饼内部图

图 3-9　纠结式和内屏蔽式线饼内部图

在 Ansoft Maxwell 按照实际线饼尺寸建立模型，如图 3-10 所示。通过有限元仿真计算不同绕制方式线饼的纵向等值电容的数值。如图 3-11 所示，使用 E4980A 的 RLC 测试仪对实际线饼依次测试其纵向等值电容数值，该测试仪的参数如表 3-3 所示。

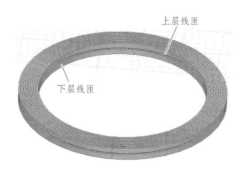

（a）纠结式及连续式线饼仿真图

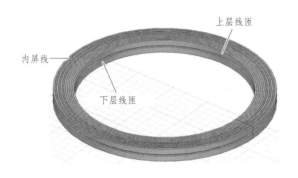

（b）内屏蔽式线饼仿真图

图 3-10　不同绕制方式的线饼有限元仿真图

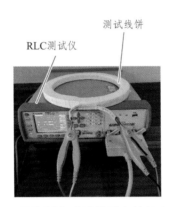

图 3-11　不同绕制方式线饼纵向等值电容实测图

表 3-3　RLC 测试仪参数

参数	数据
测试频率范围	20 Hz ~ 100 kHz
测试精度	±1%
输出阻抗	100 Ω
测试电压范围	5 mV ~ 20 V

　　综上所述，针对三种绕制方式的线饼使用理论推导、有限元计算及实际测试的纵向等值电容数值结果如表 3-4 所示，三种方法计算的结果较为相似，证明了理论推导的正确性。结合表 3-4 可知：连续式线饼的纵向等值电容数值最小；内

屏蔽式线饼的纵向等值电容数值在一定范围内提高；纠结式线饼的纵向等值电容数值显著增大，最大值可达连续式线饼相应数值的 10 倍。

表 3-4 不同绕制方式线饼纵向等值电容

绕制方式	理论推导/pF	FEM 仿真/pF	实际测试/pF
连续式绕组	178.264	190.526	180.321
纠结式绕组	1 869.507	2 046.972	1 956.564
内屏蔽式绕组	329.179	346.956	356.752

3.2.3 考虑频变特性的电感参数计算方法研究

1. 理论推导

电感经验公式计算非常复杂，不少参数需要查表计算，且铁心的磁导率、电导率均与硅钢片材质相关，只能依靠实际测试得到。同时变压器线饼数量十分庞大，计算工作量大且计算精度较低，为此，现有研究通常使用 Maxwell 多物理场仿真有限元的方式计算。该方法可考虑到每个线饼自感及互感的差异性。相关的计算公式如下：

$$M_{ij} = 2 \frac{W_{ij}}{I_i \cdot I_j} \tag{3-23}$$

$$L_{ii} = 2 \cdot \frac{W_{ii}}{I_i \cdot I_j} \tag{3-24}$$

其中，M_{ij} 是绕组第 i 个线饼和第 j 个线饼的互感；L_{ij} 是绕组第 i 个线饼的自感；W_{ij} 是电流施加在第 i 个线饼和第 j 个线饼的空间电磁能量；W_{ii} 是电流施加在第 i 个线饼的空间电磁能量；I_i 是绕组第 i 个线饼的电流；I_j 是绕组第 j 个线饼的电流。

在 Ansoft Maxwell 中使用静磁场针对电感矩阵进行参数求解，变压器绕组线饼能够按照实际尺寸完成绘制。而静磁场中的铁心仿真建模是变压器电感参数求解中的挑战之一。通常铁心由上万片硅钢片叠加而成，磁通流过硅钢片时会使得其内部产生涡流，去磁效应随之产生。当绕组中激励频率越高，会使得涡流效应更加显著，铁心的导磁功能显著下降。如图 3-12 所示：激励频率是 10 kHz 时，硅钢片中心部分的磁通密度 B 急剧下降；随着铁心叠级的增加与铁心厚度的减小，导磁性能显著增加。为了限制涡流效应与涡流损耗，硅钢片厚度通常保持在

0.23 ~ 0.35 mm，其表面涂有绝缘涂层。但在 Maxwell 中无法建立相同模型，且过大的计算量会使常规计算机无法运行。

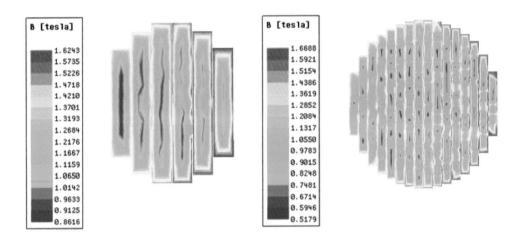

图 3-12　不同频率下铁心磁通密度

为解决该问题，现有研究将铁心等效建模为均质化模型，沿叠片方向设置等效电导率和磁导率等效替代叠片特性。针对图 3-13（a）取向硅钢片，定义沿 x 轴方向为主磁通方向，沿 z 轴方向为硅钢片厚度方向，其厚度为 $2b$。叠铁心由数量众多的硅钢片叠加形成，如图 3-13（b）所示。通过改变 x、y、z 各个方向的磁导率模拟铁心在不同频率下导磁性能的变化，各个方向的磁导率满足如下公式：

$$\mu_x^{\mathrm{eff}} = \mu_x \frac{[(1+j)b/\delta_x]}{(1+j)b/\delta_x}; \delta_x = \sqrt{2/(\omega \sigma_s \mu_0 \mu_x)} \qquad (3\text{-}25)$$

$$\mu_y^{\mathrm{eff}} = \mu_y \frac{[(1+j)b/\delta_y]}{(1+j)b/\delta_y}; \delta_y = \sqrt{2/(\omega \sigma_s \mu_0 \mu_y)} \qquad (3\text{-}26)$$

$$\mu_z^{\mathrm{eff}} = \mu_z /[\mu_z(1-F)+F] \qquad (3\text{-}27)$$

其中，μ_x，μ_y，μ_z 分别为叠铁心在空间三维方向的初始磁导率；δ 为叠铁心集肤深度；F 为叠铁心叠装系数，现有研究中使用值为 0.92~0.97。基于叠铁心差异化集肤深度下导磁性能演变规律，模拟不同激励频率下叠铁心的磁导率变化特性。

本节提出一种全新的电感频变特性的理论计算方法。该方法是一种普适性铁心建模分析方法,通过理论公式计算铁心初始磁导率,结合有限元仿真软件探究铁心磁导率的频变特性,实现变压器绕组电感参数矩阵的频变特性求解。该方法的具体过程如下:

步骤 1:定义 μ_{xx}、μ_{yy}、μ_{zz} 为图 3-13 中的硅钢片在工频下 x、y、z 方向的相对有效磁导率,其值可根据现有研究公式获得:

$$\mu_{ee} = \frac{1}{80} \frac{1}{M_e} \int_0^{M_e} \mu(B_{me}) \mathrm{d}B_{me} \tag{3-28}$$

其中,e 是均质化模型不同导磁方向;M_e 是在导磁方向下最大磁通密度;B_{me} 表示不同导磁方向的 B-μ 曲线拟合多项式。

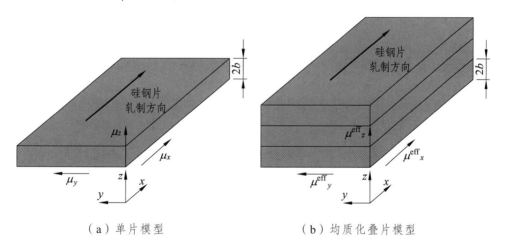

(a)单片模型　　　　　　　　　　　(b)均质化叠片模型

图 3-13　取向硅钢片示意图

步骤 2:依据变压器绕组的相关参数(见表 3-1)和上述推导的公式计算得到工频下初始有效导磁率:$\mu_{zz} = \mu_{yy} = 10$、$\mu_{xx} = 400$。其中 x 轴方向为沿轧制方向(主磁通方向),y 和 z 方向为非轧制方向(辅助磁通方向)。基于 y 和 z 方向的对称等效性,选取 y 方向为例开展研究。

步骤 3:根据公式(3-26)~(3-29),计算不同频率下的磁导率频变特性,如图 3-14 所示。有效磁导率随频率的增加而下降,沿轧制方向和非轧制方向下降速率呈现明显差异性。当激励频率处于 0~10 kHz 时,沿轧制方向有效导磁率呈现缓慢下降趋势;激励频率大于 10 kHz 时,有效导磁率显著下降。非轧制方向的有效磁导率变化规律呈现明显差异性。当激励频率处于 0~100 kHz 时,非轧制方向的磁导率几乎不存在任何变化，而在此区间之外有效磁导率呈现缓慢下降趋势。

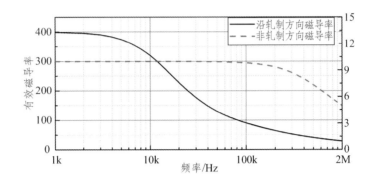

图 3-14　磁导率频变特性曲线

步骤 4：建立铁心磁导率与电感矩阵的关联性。由于垫块、撑条等对电感参数求解不产生显著影响，建模中忽略了垫块和撑条，如图 3-17 所示。Maxwell 仿真软件中将铁心分成铁轭与芯柱，分别设置各向异性磁导率。磁导率数值的变化区间参考如图 3-15 所示的仿真模型的计算结果（即满足激励频率在 2 MHz 以下的磁导率变化区间），计算出不同磁导率下的绕组电感。

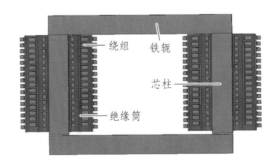

图 3-15　变压器有限元仿真图

针对不同磁导率下的电感数值，选取不同绕组位置的线饼电感进行分析。由于绕组均含有 16 个线饼，选取第 1 个、第 8 个及第 16 个线饼作为研究对象，分析电感的频变特性。如图 3-16（a）所示，电感数值与铁心的磁导率变化呈现正相关。为方便比较相对变化趋势，如图 3-16（b）所示转化为电感标准值。不同绕组位置的电感数值变化规律存在明显差异。在三组线圈中，T 绕组线饼的电感数值随着有效磁导率变化最为明显，数值增加幅度显著。在同一绕组的不同位置中，顶部线饼的电感数值增加幅度最为显著。结合上述变化曲线可知：针对不同绕组及不同位置线饼的电感考虑使用不同的频变曲线。

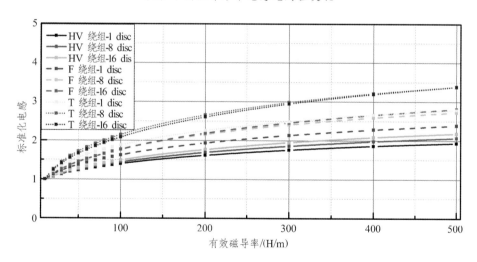

（a）不同磁导率下电感绝对值变化

（b）不同磁导率下电感相对值变化

图 3-16　不同位置线饼电感与磁导率变化曲线

步骤 5：求解电感参数频变特性曲线。为了方便研究，选取 HV 绕组的第一个线饼作为案例开展分析。联合图 3-14 和图 3-16 的结果计算电感参数的频变曲线，如图 3-17 所示。初始电感数值为 0.9 mH，激励频率增大使得电感数值显著下降。当激励频率处于 0~100 kHz 时，电感数值呈现小幅值降低。当激励频率处于

100 kHz~2 MHz 时，电感数值呈现显著下降趋势，最终稳定在 0.2 mH。

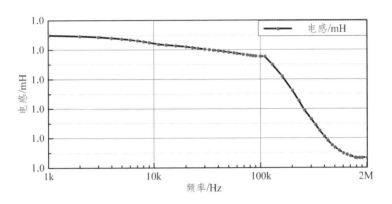

图 3-17　理论推导下电感参数频变曲线

2. 试验验证

为验证所提出的电感频变特性计算方法的正确性，本节针对比例试验牵引变压器开展电感参数频变曲线测试。为方便比较，同样选取 HV 绕组的第一个线饼作为研究对象。如图 3-18（a）所示，采用图 3-11 中的 RLC 测试仪实现电感参数测试。该测试仪的频率区间是 0~100 kHz，仅针对该区间下的电感参数频变特性展开对比研究。对比图 3-17 和图 3-18（b）可知，仿真和实测结果较为相似。工频下实测电感值为 0.845 mH。随着激励频率的增加，电感数值由 100 kHz 衰减至 0.805 mH。工频下仿真电感值为 0.9 mH，在 100 kHz 激励下衰减至 0.798 mH。上述试验结果验证了电感频变特性理论计算的正确性。

（a）不同频率下线饼电感测试平台

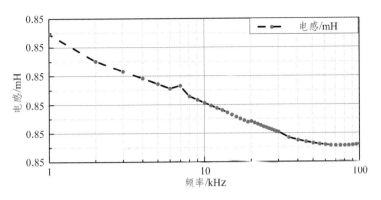

（b）试验测试下电感参数频变曲线

图 3-18 试验测试下电感参数频变曲线

3.2.4 基于振荡波时频分布的参数优化

1. 电容参数优化

现有研究针对绕组间电容的布置及计算均进行了相应简化。将一次侧和二次侧的线饼数量简化为相近饼数，使得绕组间电容能够一一对应。实际中同一芯柱上不同绕组的线饼数量存在明显差异。当变压器绕组发生机械故障时，绕组间耦合电容的数值变化并非单一趋势。简化版的绕组间电容难以反映该故障的演变规律，使得建模方法无法准确模拟变压器绕组的不同状态。为了提高建模方法的有效性，针对绕组相间电容提出一种改进的优化方案。

以等比例牵引变压器为例展开说明。变压器绕组的线饼单元数量和实际保持完全一致。相邻线饼耦合电容不局限于一一对应的绕组。如图 3-19 所示，针对 HV 绕组逐一考虑每个节点与 F 绕组的全部节点之间的耦合电容；同理针对 F 绕组逐一考虑每个节点与 T 绕组的全部节点之间的耦合电容。

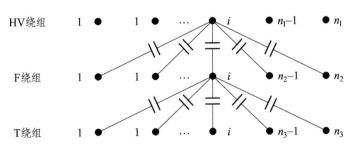

图 3-19 变压器考虑全电容参数示意图

2. 时变参数优化

等效电路中的电阻、电导及电感均受到变压器绕组中激励频率的影响。3.2.1 和 3.2.3 节的研究分析了不同频率下电阻、电导及电感参数变化。相比于频率响应法的建模，振荡波的时频分布特性为精细化建模带来了困难。以 2.2.1 节中图 2-3 的振荡波信号为例，使用小波包分解得到时频分布图，如图 3-20 所示。同一时间段内存在多个频率分量，如何定义时变的频率分量是振荡波电磁仿真建模的挑战。为此本节提出了全新的综合频率指标：加权平均值频率（f_{weight}），该指标可有效提高振荡波仿真建模精度。

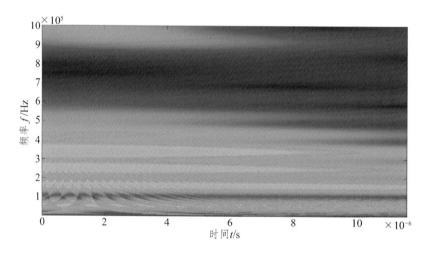

图 3-20　振荡波时频分布图

针对 2.2.1 节中绕组首端的激励信号，将时域信号切成 N 个区间。逐一针对区间内的信号使用傅里叶变换，基于频谱图逐一计算所有区间的加权平均值频率（f_{weight}），表达式如下：

$$f_{weight} = \sum_{i=1}^{n} \frac{E_{f(i)}}{E_{total}} f(i) \qquad (3\text{-}29)$$

其中，E_{total} 为总能量；$E_{f(i)}$ 为特定频率的能量；$f(i)$ 为特定频率。

定义加权平均值频率（f_{weight}）作为时域区间的等效频率。针对每个时域区间使用动态的 f_{weight} 计算相应的等效电路参数，进而完成不同时域区间的参数计算。该参数求解方法是一种等效替代方法，与实际时域区间中的频率分量存在一定的差异。只要将时域区间的宽度尽可能取小，就可使仿真结果和实际测试结果较为接近。

3.2.5 状态空间方程

本章的 3.2.1~3.2.3 节详细解析了集总参数电路模型中的各个电路参数，其中电感参数、电阻参数和电导参数均为频变参数，在此基础上理论推导变压器的振荡波曲线状态空间方程，同时给出其表达式。为了方便公式推导与理论解析，选择 3 阶电路为例。针对电路模型建立参数矩阵，使用 MATLAB 数值计算绕组振荡波曲线，该建模方法的优势在于能够准确考虑到模型参数的时变特性。

如图 3-21 所示，L 为线饼自感，R 为电阻，C_s 为纵向等值电容，C_g 为对地电容，G 为对地电容的并联电导。定义电路中有 4 个节点，分别为 1、2、3、4。选定节点 1 为高压直流源充电点，节点 4 为信号采集点。选取每个单元的电感电流（方向为从左向右）与节点电压作为状态变量，建立状态方程。

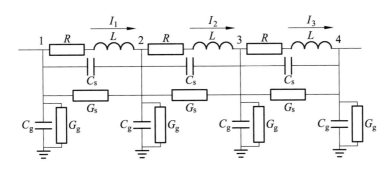

图 3-21 绕组三阶电路模型

根据基尔霍夫电压、电流定律，对于节点 2 有：

$$I_1 - I_2 = -C_s \frac{d(U_1 - U_2)}{dt} - G_s(U_1 - U_2) + C_s \frac{d(U_2 - U_3)}{dt} +$$

$$G_s(U_2 - U_3) + C_g \frac{dU_2}{dt} + G_g U_2 \tag{3-30}$$

$$U_2 - U_3 = L\frac{dI_2}{dt} + R \cdot I_2 \tag{3-31}$$

其他节点均有相似的电压电流关系，由此建立矩阵方程如下：

$$\begin{bmatrix} 2 \cdot C_s + C_g & -C_s & 0 \\ -C_s & 2 \cdot C_s + C_g & -C_s \\ 0 & -C_s & C_s + C_g \end{bmatrix} \cdot \frac{d}{dt} \begin{bmatrix} U_2 \\ U_3 \\ U_4 \end{bmatrix}$$

$$= \begin{bmatrix} 1 & -1 & 0 \\ 0 & 1 & -1 \\ 0 & 0 & 1 \end{bmatrix} \cdot \begin{bmatrix} I_1 \\ I_2 \\ I_3 \end{bmatrix} - \begin{bmatrix} 2 \cdot G_s + G_g & -G_s & 0 \\ -G_s & 2 \cdot G_s + G_g & -G_s \\ 0 & -G_s & G_s + G_g \end{bmatrix} \cdot \begin{bmatrix} U_2 \\ U_3 \\ U_4 \end{bmatrix} -$$

$$\begin{bmatrix} -C_s \\ 0 \\ 0 \end{bmatrix} \cdot \frac{dU_1}{dt} - \begin{bmatrix} -G_s \\ 0 \\ 0 \end{bmatrix} \cdot U_1$$

$$（3\text{-}32）$$

$$\begin{bmatrix} L & M_{12} & M_{13} \\ M_{21} & L & M_{23} \\ M_{31} & M_{32} & L \end{bmatrix} \cdot \frac{d}{dt} \begin{bmatrix} I_1 \\ I_2 \\ I_3 \end{bmatrix}$$

$$= \begin{bmatrix} 1 \\ 0 \\ 0 \end{bmatrix} \cdot U_1 + \begin{bmatrix} -1 & 0 & 0 \\ 1 & -1 & 0 \\ 0 & 1 & -1 \end{bmatrix} \begin{bmatrix} U_2 \\ U_3 \\ U_4 \end{bmatrix} - \begin{bmatrix} R & 0 & 0 \\ 0 & R & 0 \\ 0 & 0 & R \end{bmatrix} \cdot \begin{bmatrix} I_1 \\ I_2 \\ I_3 \end{bmatrix}$$

$$（3\text{-}33）$$

令 C 为电容矩阵，L 为电感矩阵，G 为电导矩阵，R 为电阻矩阵，T_1 为电流参数矩阵，T_2 为电压参数矩阵，则式（3-32）和式（3-33）可简写为：

$$\frac{dU}{dt} = C^{-1} \cdot \left(-G \cdot U + T_1 \cdot I - \begin{bmatrix} -G_s \\ 0 \\ 0 \end{bmatrix} \cdot U_1 - \begin{bmatrix} -C_s \\ 0 \\ 0 \end{bmatrix} \frac{dU_1}{dt} \right) \qquad （3\text{-}34）$$

$$\frac{dI}{dt} = L^{-1} \cdot \left(T_2 \cdot U - R \cdot I + \begin{bmatrix} 1 \\ 0 \\ 0 \end{bmatrix} \cdot U_1 \right) \qquad （3\text{-}35）$$

合并上述公式可得到表达式如下：

$$\frac{d}{dt} \cdot \begin{bmatrix} U \\ I \end{bmatrix} = \begin{bmatrix} -C^{-1} \cdot G & C^{-1} \cdot T_1 \\ L^{-1} \cdot T_2 & -L^{-1} \cdot R \end{bmatrix} \cdot \begin{bmatrix} U \\ I \end{bmatrix} + \begin{bmatrix} -C^{-1} \cdot Y_1 \\ L^{-1} \cdot Y_2 \end{bmatrix} \cdot U_1 - C^{-1} \cdot \begin{bmatrix} Y_3 \\ 0 \end{bmatrix} \frac{dU_1}{dt}$$

$$（3\text{-}36）$$

综合以上推导可知，变压器绕组振荡波求解转化为微分方程组的数学模型，即求解一阶微分方程（3-38）：

$$\dot{y} = Ay + Bx - C\dot{x} \tag{3-37}$$

$$\dot{y} = \begin{bmatrix} \dfrac{\mathrm{d}U}{\mathrm{d}t} \\[2mm] \dfrac{\mathrm{d}I}{\mathrm{d}t} \end{bmatrix} \tag{3-38}$$

$$\dot{x} = \begin{bmatrix} Y_3 \\ 0 \end{bmatrix} \dfrac{\mathrm{d}U_1}{\mathrm{d}t} \tag{3-39}$$

$$A = \begin{bmatrix} -C^{-1} \cdot G & C^{-1} \cdot T_1 \\ L^{-1} \cdot T_2 & -L^{-1} \cdot R \end{bmatrix} \tag{3-40}$$

$$B = \begin{bmatrix} -C^{-1} \cdot Y_1 \\ L^{-1} \cdot Y_2 \end{bmatrix} \tag{3-41}$$

$$C = C^{-1} \begin{bmatrix} Y_3 \\ 0 \end{bmatrix} \tag{3-42}$$

针对方程（3-38）使用常数变异法进行求解，得到振荡波方程的通解表达式如公式（3-43）所示。对于不同的变压器求解相应的参数矩阵 A、B、C、x、y，依据 3.2.5 节中参数优化方案，在不同时域区间内将不同的参数矩阵值代入方程，可精确求解振荡波。

$$\begin{aligned} y(t) &= \int \mathrm{e}^{-At} \cdot f(t) \cdot \mathrm{d}t \cdot \mathrm{e}^{At} \\ &= \int \mathrm{e}^{-At} \cdot \left(Bx - C\dot{x} \right) \cdot \mathrm{d}t \cdot \mathrm{e}^{At} \end{aligned} \tag{3-43}$$

3.2.6 建模方法验证

结合实际测试验证分析了建模方法的有效性，如图 3-22 所示为振荡波曲线的仿真与实测对比图。从图中可明显看出：仿真曲线与实测曲线基本重合，变化趋势完全一致。其中振荡波的所有极值点相位完全吻合，尽管极值点的幅值存在一点偏差。总体来看，测试结果表明了建模方法的有效性与准确性，能够准确模拟绕组振荡波时域曲线。

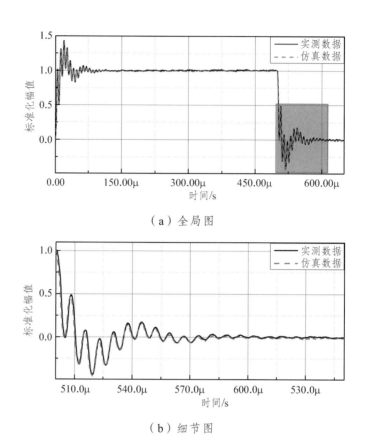

（a）全局图

（b）细节图

图 3-22　等比例牵引变压器仿真与实测振荡波曲线

3.3　变压器典型绕组故障的振荡波变化规律

当变压器绕组发生故障时，变压器绕组内的等效参数如电容电感会发生改变。由于变压器绕组自激振荡波是基于耦合的电容、电感作用下产生的，所以故障时变化的电容电感参数势必会影响到自激振荡波波形。因此，针对变压器绕组典型故障，探究自激振荡波的变化规律有重大意义。如图 3-23 及图 3-24 所示为基于变压器试验平台模拟的绕组轴向移位、饼间短路和饼间电容改变等故障。等比例试验变压器包含 18 个位置，分别模拟移位程度 1%~7% 的 7 种故障程度，共计 108 个故障案例；串联电容数值的范围设置在 100~300 pF，即可模拟绕组机械形变，共计包含 90 个饼间电容；通过直接短接绕组的对应饼的铜鼻子接头可实现故障模拟，共计包含 18 个故障案例。

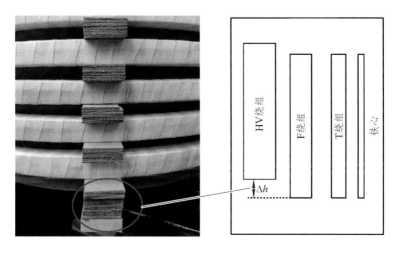

图 3-23　变压器轴向移位绕组故障

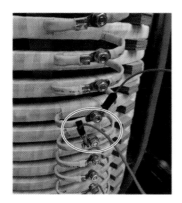

（a）饼间电容　　　　　　　　（b）饼间短路

图 3-24　变压器绕组饼间电容和饼间短路故障模拟

3.3.1　轴向移位

从 108 组故障案例中选取典型案例用于初步解析，选择的故障位置包括第 1、9、18 线饼，故障程度为 1%、4%、7%，加上正常数据共计 10 组案例。根据 2.2.1 的研究将振荡波曲线标准化，从图 3-25（a）及（b）中可以看出绕组发生轴向移位时，振荡波的相位不发生显著偏移，幅值明显降低。同时结合 2.1 节中的研究和图 3-26 的有限元仿真结果分析可知：随着轴向移位程度的增加，等效电路中的电容和电感的数值下降愈加明显。同时电容及电感参数与系统储存能量相关，振荡幅值是系统储能是最为直观的指标。结合以上分析可知：绕组移位程度的增加使得振荡波的幅值下降越显著。

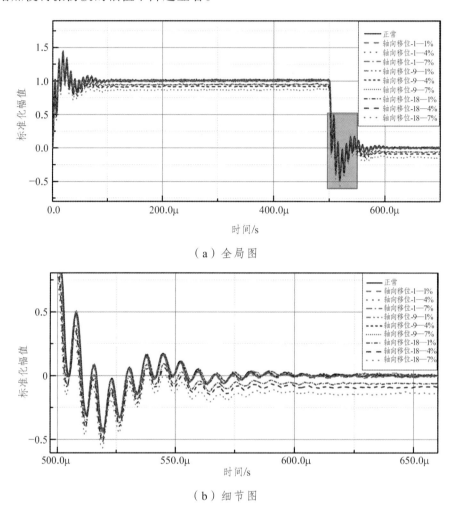

（a）全局图

（b）细节图

图 3-25　轴向移位下振荡波时域变化

依据相关标准（IEEE std C57.149-2012 和 IEC 60076-18）可知：低频段曲线的变化与等效电感参数有关；中高频段曲线的变化与等效电容参数相关。结合有限元仿真分析结果：绕组相间电容变化最为显著，互感参数的变化可忽略不计。由于绕组的首尾端距离铁心与油箱距离较近，首尾端部线饼的对地电容变化较大。因此轴向移位下振荡波频域曲线变化集中在中频段与高频段。如图 3-26（a）和（b）所示，理论分析结果与实际曲线变化规律保持一致，不同频段下曲线偏移规律呈现明显差异。在 200 kHz 以下的频段，曲线几乎不发生明显的偏移。在

200 kHz~1 MHz 区间内，曲线向高频方向偏移。1~2 MHz 的振荡波频域曲线向低频段产生一定程度偏移。同时绕组移位程度的增加使得电容参数变化愈加明显，偏移程度和幅值变化相应增大。综合振荡波时域曲线及频域曲线的变化趋势均可在大体上判定轴向移位的程度。

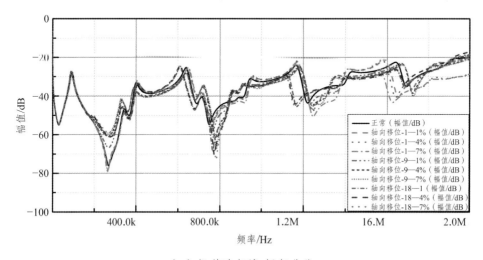

（a）振荡波频域-幅频曲线

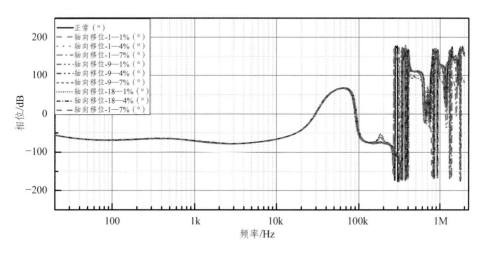

（b）振荡波频域-相频曲线

图 3-26 轴向移位下振荡波频域变化

上述研究仅定性分析了轴向移位下振荡波时域及频域曲线变化。为了能够定量分析振荡波曲线变化趋势，分析相关系数的变化规律。根据 2.1 节中的研究分别选取振荡波充电阶段与放电阶段的时域曲线，求解相关系数。充电阶段与放电阶段波形的变化趋势保持一致，均可作为绕组状态评估的依据。且随着故障程度的增加，相关系数随之减小。同时不同故障位置下振荡波曲线变化规律存在显著差异（见图 3-27）：故障发生在绕组中部时，振荡波曲线变化最为显著；故障发生在绕组顶部时，振荡波曲线的变化幅度最小。同理针对频域的幅频曲线求解相关系数，分析其变化规律。参考中国电力行业标准 DLT 911—2016 将振荡波频域曲线分成高、中、低三个频段：高频段为 600 kHz~2 MHz；中频段为 100~600 kHz；低频段为 1~100 kHz。

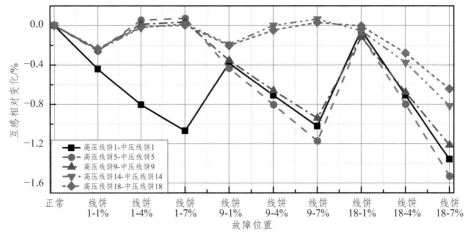

（a）电感参数变化

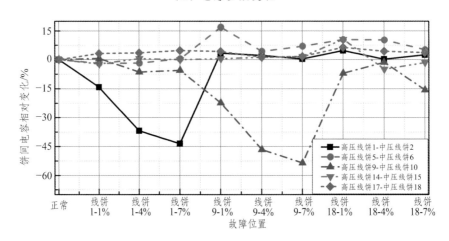

（b）饼间电容参数变化

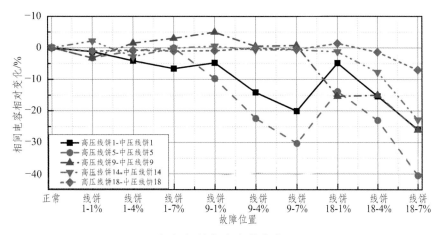

（c）相间电容参数变化

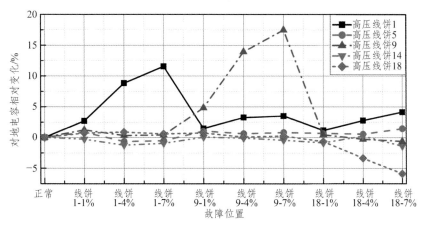

（d）对地电容参数变化

图 3-27 轴向移位下等效电路参数变化

逐一计算各个频段的相关系数如表 3-5 所示：低频段曲线几乎不发生明显偏移，中频段曲线发生了一定程度的改变，高频段曲线的变化最明显；不同故障位置下的频域曲线变化也呈现出显著差异，尤其是中部位置发生故障时，曲线的变

表 3-5 轴向移位故障下振荡波时域及频域曲线相关系数

故障位置	故障程度	时域曲线		频域曲线		
		充电阶段	放电阶段	低频段	中频段	高频段
线饼-1	1%	0.999	0.997	1.000	0.997	0.920
	4%	0.998	0.992	1.000	0.995	0.838
	7%	0.993	0.989	1.000	0.995	0.804

续表

故障位置	故障程度	时域曲线		频域曲线		
		充电阶段	放电阶段	低频段	中频段	高频段
线饼-9	1%	0.985	0.982	0.999	0.965	0.847
	4%	0.968	0.961	0.999	0.957	0.812
	7%	0.932	0.901	0.998	0.942	0.785
线饼-18	1%	0.990	0.979	0.999	0.976	0.895
	4%	0.988	0.947	0.999	0.958	0.839
	7%	0.982	0.912	0.998	0.944	0.798

化最为显著。综合振荡波时域曲线和频域曲线相关系数的变化趋势，体现出振荡波法在轴向移位故障定位方向的价值潜力。

3.3.2　饼间电容

从 90 组故障案例中选取典型案例用于初步数据解析。故障位置分别为第 1、9、18 线饼，电容数值分别为 200 pF、250 pF 及 300 pF，加上正常数据共计 10 组案例。根据如图 3-28 所示的饼间原理解析图可知解析饼间电容下等效电路参数变化：绕组间电容数值的增加使得系统的储能元件增加。即变压器系统储存能量增加，

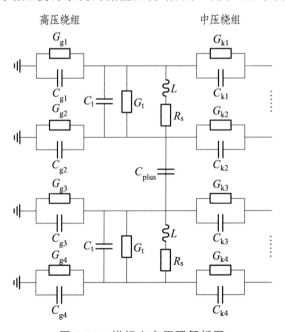

图 3-28　饼间电容原理解析图

振荡波曲线的幅值会相应增加。实际曲线变化如图 3-29（a）和（b）所示：整体时域振荡波波形向右偏移且幅值增加，实际变化趋势与理论结果一致。同时随着电容数值增加，系统储存能量上趋势愈加明显，振荡波时域曲线的偏移程度与幅值变化越显著。

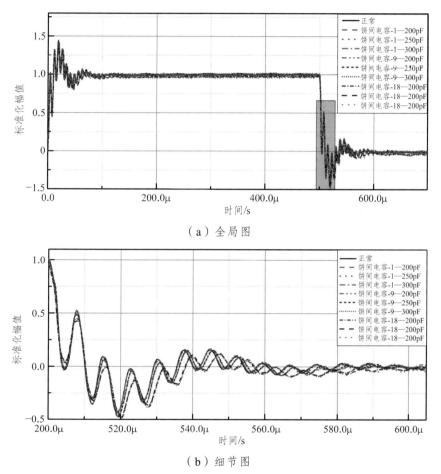

（a）全局图

（b）细节图

图 3-29　饼间电容下振荡波时域变化

根据相关标准可知：等效电路中的电容参数变化主要影响频域曲线的中高频段。联合分析实际曲线变化趋势，如图 3-30（a）和（b）所示：饼间电容故障下曲线主要在 600 kHz~2 MHz 的区间内，曲线向低频段偏移。理论分析结果与实际曲线变化规律保持一致，同时电容数值与曲线偏移程度紧密相关。结合时域曲线与频域曲线的偏移趋势可以为饼间电容的故障程度分析提供参考。为了定量解析饼间电容故障下曲线的变化趋势，解振荡波时域与频域曲线的相关系数（见表

3-6）。由于时域曲线充电阶段与放电阶段的对称性，选择放电阶段作为对象开展详细分析。相同故障位置下饼间电容数值增加，相关系数随之减小，即曲线的偏移越来越显著。与此同时，不同故障位置下振荡波曲线变化规律存在显著差异性：当故障发生在绕组中部时，振荡波曲线变化最为显著；故障发生在绕组顶部时对振荡波曲线的影响最小。同理，针对频域曲线求解各个频段的相关系数：低频段曲线几乎不发生明显偏移，中频段曲线发生一定程度的改变，主要曲线偏移集中在高频段。同时不同故障位置下的曲线变化呈现显著差异，绕组的中部位置发生故障下的曲线变化最为显著。联合时域曲线和频域曲线的相关系数变化可为初步诊断饼间电容故障位置提供参考。

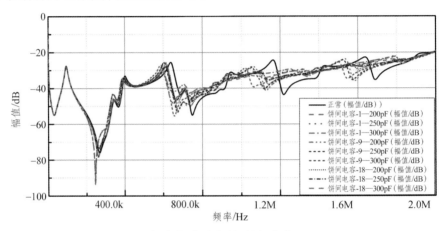

（a）振荡波频域-幅频曲线

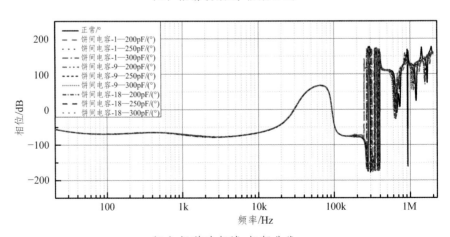

（b）振荡波频域-相频曲线

图 3-30　饼间电容下振荡波频域变化

表 3-6 饼间电容故障下振荡波时域及频域曲线相关系数

故障位置	故障程度	时域曲线		频域曲线		
		充电阶段	放电阶段	低频段	中频段	高频段
线饼-1	200 pF	0.999	0.998	1.000	0.939	0.764
	250 pF	0.998	0.997	1.000	0.938	0.738
	300 pF	0.997	0.994	1.000	0.932	0.724
线饼-9	200 pF	0.991	0.989	0.999	0.978	0.729
	250 pF	0.990	0.986	0.999	0.976	0.698
	300 pF	0.989	0.981	0.999	0.975	0.562
线饼-18	200 pF	0.995	0.992	1.000	0.994	0.804
	250 pF	0.993	0.987	1.000	0.992	0.809
	300 pF	0.986	0.982	1.000	0.988	0.658

3.3.3 饼间短路

从 18 组故障案例中选取典型数据用于初步解析。短路位置分别选择第 1~3 饼、第 8~10 饼以及第 16~18 饼，加上正常数据共计 10 组案例。根据故障原理解析如图 3-31 所示：等效电路中的电感、电容、电导及电阻被短路，即系统中储能元件和耗能元件均发生变化，系统储存能量与能量消耗路径变化较大。因此，振荡波幅值和相位均发生明显变化。如图 3-32（a）和（b）所示的实际曲线变化趋势与理论分析一致：振荡波波形向右偏移，幅值增大。

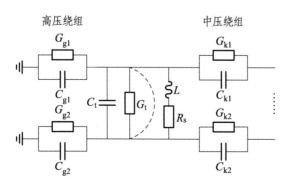

图 3-31 饼间短路原理解析图

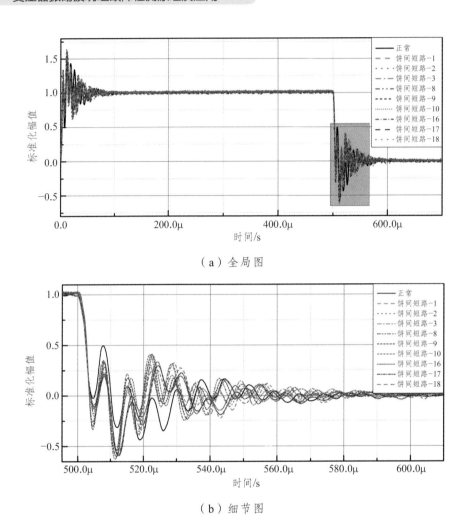

（a）全局图

（b）细节图

图 3-32　饼间短路下振荡波时域变化

　　针对振荡波频域曲线开展相应分析：等效电路中的电容、电感、电导与电阻参数均发生显著变化。结合图 3-31 的等效电路故障原理分析与中国电力行业标准可知：低频段曲线发生明显变化，通常表明等效电路中电感参数改变，绕组可能存在匝间短路或饼间短路的安全隐患。高频段曲线发生显著变化，预示着电容参数的变化。因此，饼间短路故障下曲线在全频段均会发生显著偏移。如图 3-33（a）和（b）所示：实际曲线变化规律与理论分析的结果一致。为了定量解析饼间短路故障下曲线的变化规律，需求解振荡波时域与频域曲线的相关系数（见表 3-7）。不同故障位置下时域曲线和频域曲线的变化规律一致：故障发生在绕组中部时，相关系数变化趋势最为显著；故障发生在绕组顶部对相关系数的影响最小。

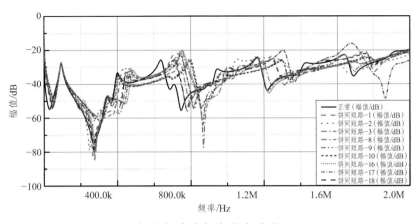

（a）振荡波频域-幅频曲线

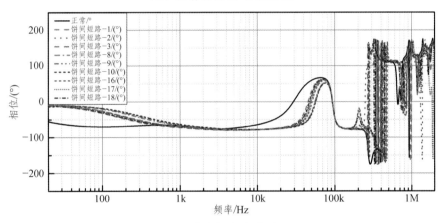

（b）振荡波频域-相频曲线

图 3-33　饼间短路故障下振荡波变化

表 3-7　饼间短路故障下振荡波时域及频域曲线相关系数

故障位置	故障程度	时域曲线		频域曲线		
		充电阶段	放电阶段	低频段	中频段	高频段
顶部	线饼-1	0.988	0.987	0.937	0.929	0.594
	线饼-2	0.986	0.985	0.929	0.842	0.344
	线饼-3	0.985	0.984	0.918	0.841	0.310
中部	线饼-8	0.983	0.981	0.881	0.955	0.625
	线饼-9	0.986	0.985	0.874	0.942	0.415
	线饼-10	0.987	0.982	0.869	0.936	0.373
底部	线饼-16	0.982	0.981	0.925	0.928	0.622
	线饼-17	0.982	0.982	0.912	0.905	0.329
	线饼-18	0.984	0.985	0.904	0.874	0.239

3.4 本章小结

本章联合变压器试验平台与振荡波仿真模型，对典型变压器绕组故障下振荡波特征规律进行分析，具体结论如下：

（1）搭建等比例变压器试验平台，构建数据采集系统，为进一步的振荡波建模方法验证与振荡波特征规律分析奠定基础。

（2）建立基于振荡波时频分布的变压器电磁优化模型，根据以下优化步骤，提高了模型准确性：提出一种考虑频变效应的电感参数优化方法，该方法通过将铁心等效为均质化模型，使用公式计算得到铁心模型初始化磁导率，结合有限元仿真求解差异化频率下电感参数频变曲线；同时提出了一种考虑时变特性的参数优化方法，该方法联合频变特性曲线与时频分布图，求解并绘制在不同时刻下加权平均值频率（f_{weight}）的时变曲线，结合该时变曲线求解不同时刻的参数变化；在此基础上推导了考虑绕组间全电容的状态空间方程，并计算出振荡波；对比测试结果与仿真数据，从而验证模型有效性。

（3）根据等比例牵引变压器试验平台与振荡波仿真模型分析了典型变压器绕组故障下振荡波演变规律：振荡波时域波形与频域波形对典型绕组故障均展现出高灵敏度：当发生轴向移位时，时域波形幅值小幅下降且相位轻微偏移，200 kHz及以上频段频域波形产生偏移；当发生饼间电容时，时域波形幅值小幅上升且相位轻微偏移，600 kHz及以上频段频域波形产生偏移；当发生饼间短路时，时域波形幅值显著增加且相位偏移明显，频域波形在全频段均发生明显偏移。

4　基于振荡波分段特征的变压器绕组故障定位研究

　　基于振荡波测试方法实现变压器绕组状态的评估，需要经验丰富的工程人员分析振荡波曲线变化。目前这种绕组状态评估方法的缺点是过于依赖经验分析，且诊断效率有限，不利于该测试方法的大范围推广。与此同时，变压器吊罩检修后的首要任务是排查故障位置，提前明确故障位置可有效减少排查时间，降低变压器绝缘受潮的风险，显著提高检修效率。因此，亟须针对振荡波曲线提出普适性特征提取方法，发展智能化振荡波故障定位方法。

　　现有研究仅通过分析振荡波频域曲线整体变化来判断变压器绕组状态。上述研究在一定程度上提高了变压器绕组状态评估的准确性。由于该项测试方法属于新兴的变压器绕组无损检测技术，现有相关研究仅停留在定性分析，尚未系统性开展振荡波与绕组状态的关联性研究。为此，基于典型绕组故障下频域振荡波变化规律，本章提出了适用于频域振荡波的智能分频段方法与多分辨率分段方法，联合极坐标图的多尺度融合特征与极限学习机完成变压器绕组智能故障定位。

4.1　振荡波分段方法研究

　　根据相关标准 IEEE std C57.149 及 IEC 60076-18 可知：频域曲线初步分析是依靠幅频曲线的相关系数来实现，相关研究已在 3.3 节中详细描述。但单一分析幅频曲线无法获取全部信息，为了获得更多信息用于状态评估，联合幅频曲线和相频曲线展开进一步研究。现有研究通过融合幅频与相频曲线绘制极坐标图以用作绕组状态评估。如图 4-1 所示，将幅值与相位分别转化为极径与极角，进一步转化为极坐标图，公式如下：

$$x(\omega) = |H(\omega)| \cdot \cos(\eta(\omega)) \tag{4-1}$$

$$y(\omega) = |H(\omega)| \cdot \sin(\eta(\omega)) \tag{4-2}$$

其中，$x(\omega)$ 为特定频率下转化成的极径；$y(\omega)$ 为特定频率下转化成的极角。

　　依据式（4-1）与式（4-2）将正常情况的振荡波频域曲线（图 4-1（a）与（b））转化为图 4-2（c）的极坐标图。为了研究这种图形与变压器绕组状态的关联性，绘制典型绕组故障下的极坐标图，如图 4-2 所示。不同绕组状态下极坐标图呈现出明显差异。结合 3.3 节有限元分析可知：饼间短路属于绕组严重故障，相较于图 4-1（c）正常情况，极坐标图的整体轮廓线和散落点均发生显著改变。饼间电容和轴向移位属于中度或轻微故障，极坐标图的整体轮廓线与正常图像基本保持一致，散落点分布呈现出明显差异。同时极坐标图展现出故障定位方向潜力：顶部故障对极坐标图的影响有限，中部故障对极坐标图的影响最为明显。以饼间短路故障为例：中部故障下整体轮廓线在相位区间（0°~360°）内有明显变化。顶部及底部故障下整体轮廓线分别在相位区间（270°~360°）和（240°~360°）发生变化。结合以上图像变化规律可知：振荡波频域曲线的全部特征信息均包含在极坐标图中，不同绕组状态下振荡波频域曲线的差异体现在整体轮廓线变化及散落点分布偏移。

　　由于单张极坐标图中包含的特征信息过多，散落点与整体轮廓线存在互相重叠的现象，这为进一步的图像特征提取带来干扰。为了减少特征信息之间的互相干扰，有效提高图像的特征提取效率。将单张频域极坐标图拆分成多张图片，逐一分析拆分后的图片，相应地开展绕组状态的关联性研究。由于极坐标图的整体轮廓线与振荡波频域曲线的整体样貌相关，散落点分布与曲线的细节特征相关。为此依据不同侧重点（整体轮廓线变化或散落点分布偏移）对振荡波频域曲线进行分段。

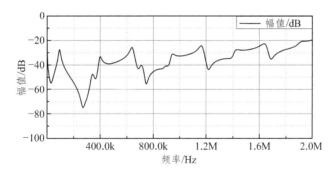

（a）幅频曲线

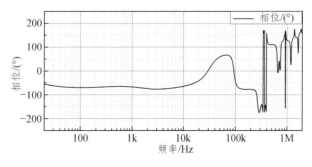

（b）相频曲线

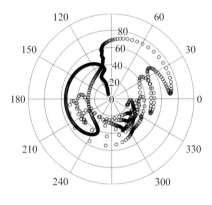

（c）极坐标图

图 4-1　正常振荡波频域曲线及极坐标图

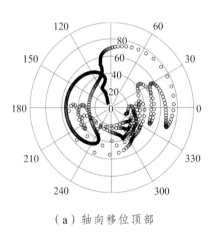

（a）轴向移位顶部

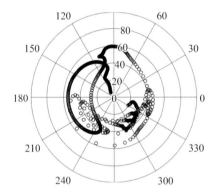

（b）轴向移位中部

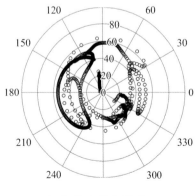

（c）轴向移位底部

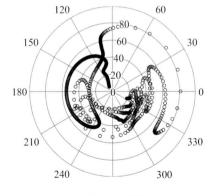

（d）饼间电容顶部

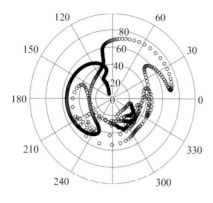

（e）饼间电容中部

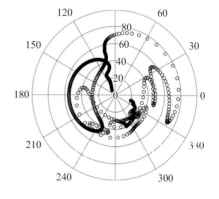

（f）饼间电容底部

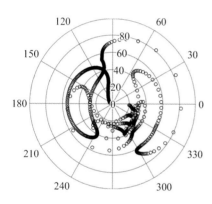

（g）饼间短路顶部

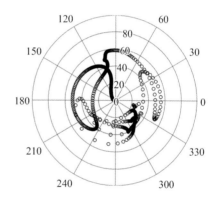

（h）饼间短路中部

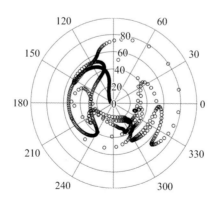

（i）饼间短路底部

图 4-2　典型故障位置下极坐标图

4.1.1 振荡波智能分频段方法研究

不同频段的振荡波曲线故障灵敏性差异较大。饼间电容故障主要影响频域曲线高频段；轴向移位故障主要影响频域曲线的中-高频段。因为饼间短路属于严重故障，全频段频域曲线均发生显著变化。上述研究成果为图像拆解提供了全新思路，将幅频曲线和相频曲线拆分成多个频段，单独绘制每个频段的极坐标图，开展图像特征与绕组状态的研究。该方法的优势在于：图像特征信息没有丢失，而针对极坐标图中的细节特征（散落点分布）具有较高识别率。

中国电力行业标准 DLT 911—2016 将频域曲线分成高、中、低三个频段：高频段为 600 kHz~2 MHz，中频段为 100~600 kHz，低频段为 1~100 kHz。但中国电力行业标准是依据经验值给出固定分频段方案。不同的变压器结构下振荡波频域曲线的特征分布规律呈现较大差异，如若采用固定分频段方案会使特征信息分布不均匀，可能导致绕组状态误判。与此同时，IEEE 及 IEC 标准对频域特性曲线的分频段未做明确要求。为能进一步提高分频段方法的普适性与准确性，本节提出一种全新的智能分频段方法，适用于各种类型变压器振荡波频域曲线的频段划分。相比于中国电力行业标准只选择 1 kHz~1 MHz，本节参考选择 20 Hz~2 MHz 的频域响应曲线，提供了更多的特征信息用于进一步研究分析。

智能分频段方法的具体流程如图 4-3 所示，下面展开详述。

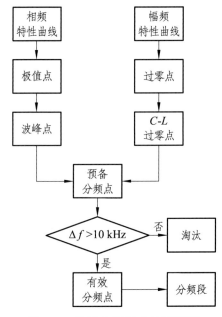

图 4-3　智能分频段方法流程图

（1）采集并绘制振荡波频域响应曲线的幅频特性曲线及相频特性曲线，频率扫描范围为 20 Hz~2 MHz。

（2）扫描相频特性曲线的所有过零点，选取其中的所有 C-L 过零点，即相频特性曲线从正相位转到负相位的点。

（3）扫描幅频特性曲线的所有极值点，选取其中的所有波峰点。

（4）对比所选波峰点与 C-L 过零点的对应频率是否对应，如若对应频率重合即表明该频率点可作为预备分频点。

（5）选定第一个预备分频点作为有效分频点，依次判断每一个预备分频点和前一个有效分频点间的间隔频段 Δf 是否大于 10 kHz。

（6）按照上述流程即可确定 N 个有效分频点，据此可将频域响应曲线动态分解为 $N+1$ 个频段可供分析。

使用智能分频段方法对图 4-1（a）和（b）的振荡波频域曲线进行处理，得到四个有效分频点，频率分别为 93.5 kHz、401.5 kHz、670.3 kHz 和 942.1 kHz。因此全频段可以划分为五个频段（Frequency Band, FB）：FB_1（20 Hz~93.5 kHz）、FB_2（93.5~401.5 kHz）、FB_3（401.5~670.3 kHz）、FB_4（670.3~942.1 kHz）、FB_5（942.1~2 000 kHz）。针对各个频段的幅频曲线及相频曲线分别绘制极坐标图。如图 4-4 所示，相比于图 4-1(c)的原始极坐标图，1~2 MHz 的高频段曲线特征可提供更多关于绕组状态的信息。同时这些特征信息均匀分布在各个频段极坐标图，整体曲线和散落点分布不存在任何重叠，便于高效准确地提取图像特征。

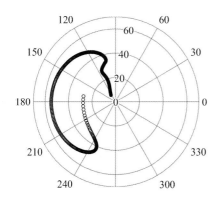

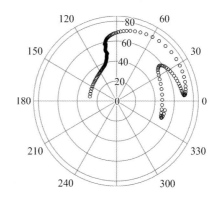

（a）FB1 极坐标图　　　　　　　　（b）FB2 极坐标图

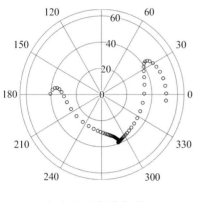

（c）FB3 极坐标图

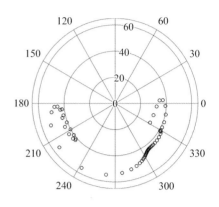

（d）FB4 极坐标图

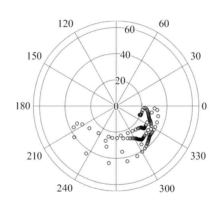

（e）FB5 极坐标图

图 4-4　基于智能分频段分解的极坐标图

4.1.2　振荡波多分辨率分段方法研究

智能分频段方法通过将单张极坐标图拆分为多张极坐标图，减少了特征信息间的重叠干扰，侧重于分析细节特征（散落点分布规律）。但频域曲线在分频段中被拆分成了数段，整体轮廓线的特征无法识别。因此，有必要针对不同绕组状态下整体轮廓线变化开展研究。为了减少图像细节特征（散落点偏移）对极坐标曲线整体轮廓的干扰，使用现代信号处理方法对振荡波频域特性曲线（相频曲线与幅频曲线）进行平滑处理。小波变换作为非稳态信号的经典处理方法，可有效实现曲线的平滑处理。用一个"母波函数"逐一处理不同尺度和差异化位置的

$f(x)$，获得不同光滑程度下的振荡波频域特性曲线。不同母函数及分解层数均会影响多分辨率分段的结果。因此，需要针对振荡波频域响应曲线研究母函数类型及分解层数对分解结果的影响，选择一个合适参数用于后续研究。多级分解之后的曲线应该保留原始曲线形状，且可去除其他图像特征信息的干扰。

现有研究中常见小波母函数包括：Gaussian、Biorthogonal（biorNr.Nd）、Symlet（symN）、Haar、Coiflet（coifN）、Daubechies（dbN）和 Morlet 等。由于 Gaussian 和 Morlet 没有正则性，且无法完成离散小波变换，所以排除这两个小波母函数。Haar 在频域存在无限扩展的问题，因此也排除这个小波母函数。使用筛选后的四个小波母函数完成正常情况下振荡波幅频曲线及相频曲线的分解，各个小波母函数的分解层数选择 1~8 层。为定量描述不同的母函数和不同分解层数下的曲线与原始曲线的相关性，使用相关系数逐一计算，结果如表 4-1 所示。

表 4-1　不同小波母函数与分解层数的相关性

分解曲线	母函数	1st	2nd	3rd	4th	5th	6th	7th	8th
幅频曲线	db3	1.000 0	0.999 9	0.998 4	0.995 4	0.986 7	0.970 8	0.865 6	0.789 2
	sym6	1.000 0	0.999 9	0.999 0	0.995 4	0.988 4	0.968 2	0.902 7	0.803 0
	coif2	1.000 0	0.999 8	0.999 0	0.995 1	0.988 8	0.969 4	0.884 4	0.798 5
	bior2.4	1.000 0	0.999 9	0.998 8	0.995 5	0.987 1	0.971 4	0.872 1	0.788 1
相频曲线	db3	0.991 3	0.981 6	0.973 4	0.925 8	0.917 4	0.893 8	0.846 3	0.724 0
	sym6	0.994 6	0.986 0	0.976 9	0.941 1	0.938 1	0.922 1	0.902 1	0.721 4
	coif2	0.993 7	0.981 1	0.974 3	0.934 3	0.917 7	0.900 2	0.855 6	0.725 3
	bior2.4	0.993 1	0.985 3	0.975 4	0.926 6	0.917 2	0.896 8	0.853 0	0.729 9

从表 4-1 的计算结果可知：sym6 小波表现出更好的性能，相关性更高，可作为分解时的母函数。同时，幅频特性曲线与相频特性曲线最多可分解至第七级，分解到第八级时相关性及近似性较差。基于上述研究逐一绘制 sym6 母函数分解下的第一级至第七级曲线。随着分解级数的增加，图 4-5 中幅频曲线与相频曲线愈加平滑。同时绘制相应级数的极坐标图，相比于原始极坐标图 4-1（c），如图 4-6 所示极坐标图中散落点的数量随着分解级数的上升而显著下降，且整体曲线轮廓愈加清晰。尤其当分解级数达到第七级时，整体曲线根本不会与散落点有任何的重叠干扰。即图 4-6（g）中只包含有整体曲线的特征信息。

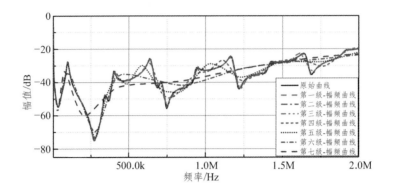

（a）幅频曲线分解图

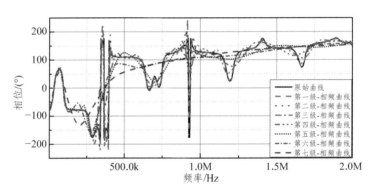

（b）相频曲线分解图

图 4-5　基于 sym6 母函数分解的各级曲线图

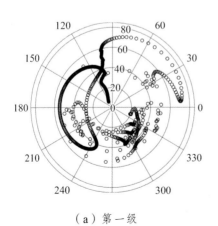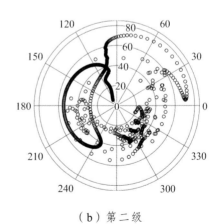

（a）第一级　　　　　　　　　　　　（b）第二级

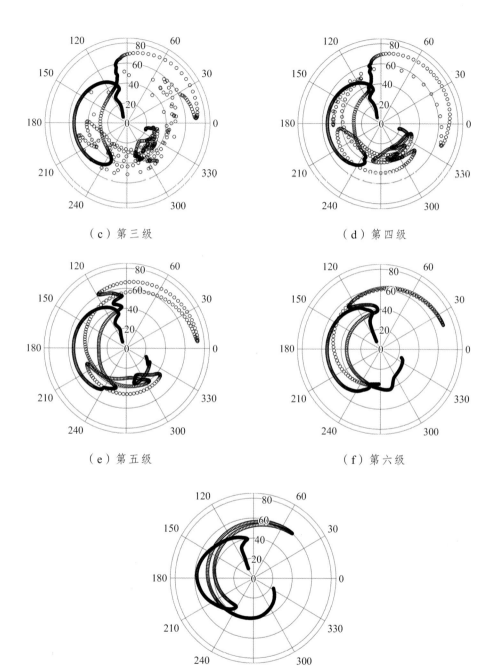

（c）第三级

（d）第四级

（e）第五级

（f）第六级

（g）第七级

图 4-6 基于多分辨率分段的极坐标图

4.2 多尺度特征融合和聚类分析

4.2.1 图像特征提取与多尺度融合

为定量描述极坐标图的整体轮廓线变化及散落点偏移，提取相应的图像特征用于进一步的分析。针对极坐标图像开展二值化处理。单张极坐标图可由一个二维矩阵表示，该矩阵由有限数量的像素组成，尺寸为 1 000×1 000。极坐标图上的任何点均可表示为 (x_1, y_1)，其值为 $|a|$，表示该点的图像强度。极坐标图像中的主要图形为整体曲线与散落点，只考虑局部特征易产生误差。为此使用全局特征描述图像或图像区域对应的表面性质。其中，纹理特征反映了图像灰度分布的重复性，同时该特征简单且易于实现，具有较强的适应性与健壮性。因此使用纹理特征进行图像分析。

1. 灰度梯度共生矩阵

灰度梯度共生矩阵的定义如下：一个位于方位角为 q 的直线上某像素点灰度为 i，以该像素点为中心，半径为 d 的范围内，灰度为 j 的像素点出现的频数作为矩阵中 (i, j) 位置的数值。不同的方位角 q 和半径 d 对应不同的灰度梯度共生矩阵。该矩阵可准确反映出图像中点对关于方位角 q、相邻距离 d 以及变化幅值等信息。本文选择半径 d 为 1，方位角 q 为 45° 进行分析。针对灰度图像 $F(i, j)$ 与梯度图像 $G(i, j)$ 进行标准化处理，矩阵的每个元素 $H(i, j)$ 变为具有相同灰度和梯度的像素数，矩阵标准化处理如下：

$$\widehat{H}(x, y) = \frac{H(x, y)}{\sum_{x=0}^{L-1} \sum_{y=0}^{L_g-1} H(x, y)} = \frac{H(x, y)}{N^2} \tag{4-3}$$

其中，$\sum_{x=0}^{L-1} \sum_{y=0}^{L_g-1} H(x, y) = N \times N = N^2$；$\{(i, j) | F(i, j) = x \cap G(i, j) = y, i, j = 0, 1, \cdots, N-1\}$；$F(i, j) \in [0, L-1], G(i, j) \in [0, L_g - 1]$。

基于灰度梯度共生矩阵提取纹理特征量（二次统计量）作为状态评估指标。本节使用如下的二次统计量描述图像的变化：小梯度优势 T_1、大梯度优势 T_2、灰度分布不均匀度 T_3、梯度分布不均匀度 T_4、灰度平均 T_5、梯度平均 T_6、灰度均方差 T_7、梯度均方差 T_8、相关 T_9、灰度熵 T_{10}、梯度熵 T_{11}、混合熵 T_{12}、惯性 T_{13} 及逆差矩 T_{14}。

$$T_1 = \frac{\sum_{x=0}^{L-1}\sum_{y=0}^{L_g-1}\left(\widehat{H}(x,y)\big/y^2\right)}{\sum_{x=0}^{L-1}\sum_{y=0}^{L_g-1}\widehat{H}(x,y)} \tag{4-4}$$

$$T_2 = \frac{\sum_{x=0}^{L-1}\sum_{y=0}^{L_g-1}\left(\widehat{H}(x,y)\cdot y^2\right)}{\sum_{x=0}^{L-1}\sum_{y=0}^{L_g-1}\widehat{H}(x,y)} \tag{4-5}$$

$$T_3 = \frac{\sum_{x=0}^{L-1}\left[\sum_{y=0}^{L_g-1}\left(\widehat{H}(x,y)\right)\right]^2}{\sum_{x=0}^{L-1}\sum_{y=0}^{L_g-1}\widehat{H}(x,y)} \tag{4-6}$$

$$T_4 = \frac{\sum_{y=0}^{L_g-1}\left[\sum_{x=0}^{L-1}\left(\widehat{H}(x,y)\right)\right]^2}{\sum_{x=0}^{L-1}\sum_{y=0}^{L_g-1}\widehat{H}(x,y)} \tag{4-7}$$

$$T_5 = \sum_{y=0}^{L_g-1} x \cdot \sum_{x=0}^{L-1}\widehat{H}(x,y) \tag{4-8}$$

$$T_6 = \sum_{y=0}^{L_g-1} y \cdot \sum_{x=0}^{L-1}\widehat{H}(x,y) \tag{4-9}$$

$$T_7 = \left\{\sum_{x=0}^{L-1}(x-T_{10})^2\sum_{y=0}^{L_g-1}\widehat{H}(x,y)\right\}^{\frac{1}{2}} \tag{4-10}$$

$$T_8 = \left\{\sum_{y=0}^{L_g-1}(x-T_{11})^2\sum_{x=0}^{L-1}\widehat{H}(x,y)\right\}^{\frac{1}{2}} \tag{4-11}$$

$$T_9 = \sum_{x=0}^{L-1}\sum_{y=0}^{L_g-1}(x-T_{10})(y-T_{11})\widehat{H}(x,y) \tag{4-12}$$

$$T_{10} = -\sum_{x=0}^{L-1}\sum_{y=0}^{L_g-1}\widehat{H}(x,y)\log\sum_{y=0}^{L_g-1}\widehat{H}(x,y) \tag{4-13}$$

$$T_{11} = -\sum_{y=0}^{L_g-1}\sum_{x=0}^{L-1}\widehat{H}(x,y)\log\sum_{x=0}^{L-1}\widehat{H}(x,y) \tag{4-14}$$

$$T_{12} = -\sum_{x=0}^{L-1}\sum_{y=0}^{L_g-1}\widehat{H}(x,y)\log\widehat{H}(x,y) \tag{4-15}$$

$$T_{13} = \sum_{x=0}^{L-1}\sum_{y=0}^{L_g-1}(x-y)^2\widehat{H}(x,y) \tag{4-16}$$

$$T_{14} = \sum_{x=0}^{L-1}\sum_{y=0}^{L_g-1}\frac{1}{1+(x-y)^2}\widehat{H}(x,y) \tag{4-17}$$

其中，L 为梯度数值；L_g 为标准化的梯度数值；H 为像素数值；x 为通用灰度数值；y 为通用梯度数值；N 为像素。

2. 灰度差分统计特征

灰度差分统计特征用于描述图像的不同像素在邻域内的关联程度，通过计算像素间的灰度差值获得。图像内两点间的灰度差值定义如下：

$$g_{\Delta 0}(x,y)=g(x,y)-g(x+\Delta x,y+\Delta y) \tag{4-18}$$

在图像中使用移动窗口计算点（x,y），累计 $g_\Delta(x,y)$ 取不同值的次数绘制直方图。在此基础上，定义 $p_\Delta(i)$ 为 $g_\Delta(x,y)$ 取值的概率。当较小 i 值下 $p_\Delta(i)$ 概率较大时，表明图像纹理比较粗糙；当较小 i 值下概率 $p_\Delta(i)$ 较小时，表示图像纹理较为细致。本节使用如下灰度差分统计特征描述图像变化：对比度 T_{15}、角度方向二阶矩 T_{16}、熵 T_{17} 及平均值 T_{18}。

$$T_{15} = \sum_{i=0}^{L}i^2 p_\Delta(i) \tag{4-19}$$

$$T_{16} = \sum_{i=0}^{L}p^2_\Delta(i) \tag{4-20}$$

$$T_{17} = -\sum_{i=0}^{L} p_\Delta(i) \log p_\Delta(i) \qquad (4\text{-}21)$$

$$T_{18} = \frac{1}{q} \sum_{i=0}^{L} i p_\Delta(i) \qquad (4\text{-}22)$$

其中，i 表示迭代级数；q 表示所有可能的灰度差值。

3. 多尺度融合特征

灰度梯度共生矩阵和灰度差分统计特征从纹理变化角度解析了图像特征规律。本节公式（4-4）~（4-22）使用的 18 个特征涵盖了图像的大部分信息。为表示所有特征变化规律，本节提出采用多尺度融合特征表征图像特征的变化情况，灰度梯度共生矩阵和灰度差分统计分别建立相应的多尺度融合特征，其公式如下：

$$\text{GLCM} = \sum_{i=1}^{14} \frac{T_i}{T_{\text{normal}}} \qquad (4\text{-}23)$$

$$\text{SID} = \sum_{i=15}^{18} \frac{T_i}{T_{\text{normal}}} \qquad (4\text{-}24)$$

其中，T_i 表示不同绕组状态下纹理特征值；T_{normal} 表示正常情况下纹理特征值。

4.2.2　多尺度融合特征聚类分析

联合 3.3 节振荡波频域曲线的变化规律可知：饼间短路故障下振荡波频域曲线在全频段均发生明显改变。如若使用智能分频段方式单一分析某一频段信息，会造成其他频段的信息丢失。为着重分析整体频域曲线的变化，选择多分辨率分段下第七级极坐标图作为研究对象。相比而言，饼间电容和轴向移位分别影响频域曲线的高频段与中频段，因此选取智能分频段下的 FB_4 和 FB_2 作为研究对象。基于 4.2.1 节中的多尺度融合特征（GLCM 和 SID）逐一计算各频段极坐标图的特征值。在此基础上，对比 217 种绕组状态下原始极坐标图与不同分频段极坐标图的特征值变化规律。

原始极坐标图的特征变化如图 4-7 所示，图中依据故障位置及故障程度排序样本。不同绕组状态下 GLCM 和 SID 的变化规律展现出较高的相似性，选取 GLCM 开展详细叙述。饼间短路属于严重的绕组故障，等效电路参数均发生显著变化。不同位置饼间短路下频域曲线差异显著，因此原始极坐标图的特征信息可初步完成故障定位。如图 4-7 所示，饼间短路发生在绕组中部时，GLCM 的数值最小；绕组顶部与底部发生饼间短路时，GLCM 的数值随故障位置变化呈现交错性波动。即原始极坐标图能够识别中部故障位置，顶部或底部故障位置的识别存在一定困难。饼间电容和轴向移位属于潜在的绕组隐患，不同故障位置下的频域曲线与极坐标图的变化幅度较小。散落点重叠覆盖的影响使得不同属性的特征有交叉重叠，单纯依赖原始极坐标图无法实现这两种故障的定位。

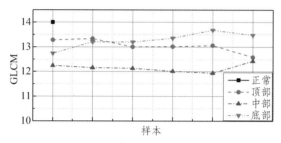

（a）饼间短路下 GLCM 变化

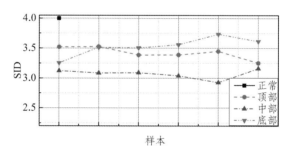

（b）饼间短路下 SID 变化

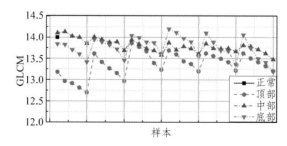

（c）饼间电容下 GLCM 变化

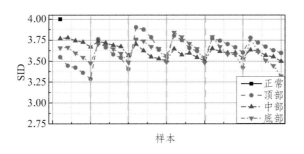

（d）饼间电容下 SID 变化

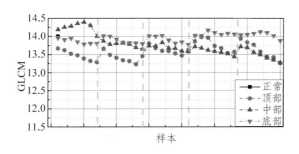

（e）轴向移位下 GLCM 变化

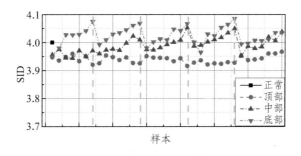

（f）轴向移位下 SID 变化

图 4-7　基于原始极坐标图的特征变化

　　智能分频段与多分辨率分段下的极坐标图可提供足够的信息完成故障定位。饼间短路发生在不同区域时，特征值呈现出明显差异。如图 4-8 所示，当故障发生在绕组底部时，GLCM 数值最大；当故障发生在绕组顶部时，特征值最小；当故障发生在绕组中部时，特征值区别于其他位置。当发生饼间电容和轴向移位时，不同故障区域下的 GLCM 分布规律与饼间短路下的故障相似。特征值在底部故障下最大；特征值在顶部故障下最小。相比于图 4-7（c）和（e），图 4-9（a）和图 4-10(a)中顶部故障和底部故障下的 GLCM 最大差值分别增加了 0.7 和 0.8，即不同故障区域的特征聚类效果明显提升。结合理论分析与实际特征变化趋势可知：智能分频段与多分辨率分段能够提供足够信息用于故障定位，聚类效果相比于原始极坐标图有显著提升。

综合本节研究可知：极坐标图的整体轮廓线变化、散落点分布偏移与振荡波频域曲线紧密相关。原始极坐标图的特征信息展现出状态评估的潜力，但图像信息重叠干扰下使得特征规律较弱。为此，使用智能分频段与多级分解方式处理原始极坐标图，相比于原始图像，分频段极坐标图和多分辨率分段下的极坐标着重分析了散落点与整体曲线轮廓。多尺度融合特征 GLCM 和 SID 可用于进一步的绕组故障定位研究。

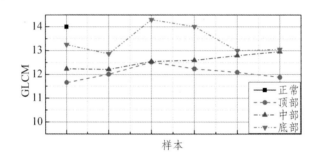

（a）饼间短路下 GLCM 变化

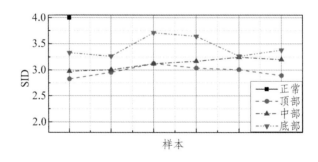

（b）饼间短路下 SID 变化

图 4-8　基于多分辨率分段的第七级极坐标图特征变化

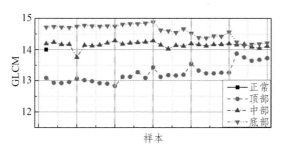

（a）饼间电容下 GLCM 变化

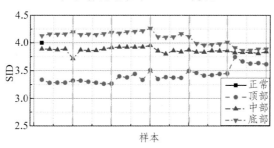

（b）饼间电容下 SID 变化

图 4-9 基于智能分频段分解的 FB4 极坐标图特征变化

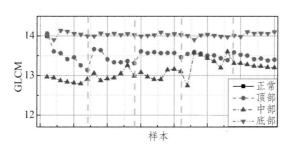

（a）轴向移位下 GLCM 变化

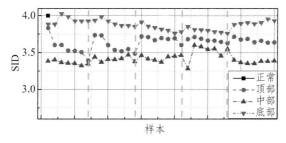

（b）轴向移位下 SID 变化

图 4-10 基于智能分频段分解的 FB2 极坐标图特征变化

4.3 基于极限学习机的故障定位研究

作为一种经典智能学习方法，黄广斌教授首先提出的极限学习机（ELM）已得到广泛应用。传统的神经网络算法通常使用梯度下降法对偏置与权值矩阵进行调整，极限学习机作为一种新型的单隐含层前馈神经网络智能算法，输入层的权值矩阵与隐含层的偏置由系统随机定义，通过求解广义逆矩阵可得到输出层矩阵。该方法优势在于拥有极高的学习精度，具备较高的学习速度，同时泛化能力表现优良，在故障诊断分类中具有良好的应用效果。

4.3.1 基本原理

单隐含层神经网络的结构图如图 4-11 所示，假设包含 n 个不同样本 (x_i, t_i)，其中：$x_i = [x_{i1}, x_{i2}, x_{i3}, \cdots, x_{in}]^{\mathrm{T}} \in R^n$，$t_i = [t_{i1}, t_{i2}, t_{i3}, \cdots, t_{im}]^{\mathrm{T}} \in R^m$。由 L 个隐含层组成的单层神经网络模型可用如下数学模型表示：

$$\sum_{i=1}^{L} \beta_i g(W_i \cdot X_j + b_i) = o_j, j = 1, 2, \cdots, n \quad (4\text{-}25)$$

$$g(x) = \frac{\mathrm{e}^x}{1 + \mathrm{e}^x} \quad (4\text{-}26)$$

$$W_i = [w_{i,1}, w_{i,2}, \cdots, w_{i,n}]. \quad (4\text{-}27)$$

其中，单隐含层的激活函数定义为 $g(x)$；输入层与隐含层间的输入权重设置为 W_i；隐含层与输出层的输出权重设置为 β_i，单隐含层第 i 个单元的偏置定义为 b_i。

单隐含层神经网络的训练目标是获得最小误差，其数学表达如下：

$$\sum_{j=1}^{L} \|o_j - t_j\| = 0 \quad (4\text{-}28)$$

公式（4-28）表明存在 β_i，W_i 和 b_i 使得如下公式成立：

$$\sum_{i=1}^{L} \beta_i g(W_i \cdot X_j + b_i) = t_j, j = 1, 2, \cdots, n \quad (4\text{-}29)$$

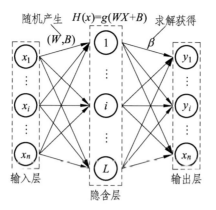

图 4-11 极限学习机网络结构图

化简如下：

$$H\beta = T \tag{4-30}$$

$$
\begin{aligned}
&H(W_1,\cdots,W_L,b_1,\cdots,b_L,X_1,\cdots,X_L) \\
&= \begin{bmatrix}
g(W_1 \cdot X_1 + b_1) & \cdots & g(W_L \cdot X_1 + b_L) \\
\vdots & & \vdots \\
g(W_1 \cdot X_N + b_1) & \cdots & g(W_L \cdot X_N + b_L)
\end{bmatrix}_{N \times L}
\end{aligned} \tag{4-31}
$$

$$
\beta = \begin{bmatrix}
\beta_1^{\mathrm{T}} \\
\vdots \\
\beta_L^{\mathrm{T}}
\end{bmatrix}_{L \times m} \tag{4-32}
$$

$$
T = \begin{bmatrix}
T_1^{\mathrm{T}} \\
\vdots \\
T_L^{\mathrm{T}}
\end{bmatrix}_{N \times m} \tag{4-33}
$$

其中，隐含层输出定义为 H，隐含层与输出层的输出比重定义为 β，T 为期望输出。

单隐含层神经网络的训练等效为最优参数搜寻，使得

$$\left\| H\left(\hat{W}_i, \hat{b}_i\right) \cdot \hat{\beta}_i - T \right\| = \min_{W,b,\beta} \left\| H(W_i, b_i) \cdot \beta_i - T \right\|, i = 1, 2, \cdots, L \tag{4-34}$$

以上公式的成立等价于最小化损失函数：

$$E = \sum_{j=1}^{N} \left(\sum_{i=1}^{L} \beta_i g(W_i \cdot X_i + b_i) - t_j \right)^2 \qquad (4\text{-}35)$$

在极限学习机算法中，随机确定输入层与隐含层间的输入权重 W_i 和隐含层每个单元的偏置 b_i 后，隐含层输出矩阵 H 即可随之确定。在此基础上，上述问题转化为线性系统求解问题，如式（4-36）所示。在这种情况下输出权重是唯一的，如下所示：

$$\hat{\beta} = \boldsymbol{H}^+ T \qquad (4\text{-}36)$$

其中，$\boldsymbol{H}^+$ 是矩阵 $\boldsymbol{H}$ 的广义逆矩阵。

4.3.2 算法优化

为了优化原始的极限学习机，黄广斌教授将核函数引入极限学习机算例中，提出了核极限学习机（Kenerl Extreme Learning Machine，KELM）。核函数的引入在保证了极限学习机快速训练的前提下，发挥了核函数的优势，可对变压器绕组故障进行更好的诊断。当无法知晓隐含层特征映射 $h(x)$ 时，将极限学习机的核矩阵定义如下：

$$\boldsymbol{\Omega} = \boldsymbol{H}\boldsymbol{H}^{\mathrm{T}} \qquad (4\text{-}37)$$

$$\boldsymbol{\Omega}_{i,j} = h(x_i) \cdot h(x_j) = K(x_i \cdot x_j) \qquad (4\text{-}38)$$

通常适用于极限学习机的核函数需要满足美世（Mercer）条件，现有研究中常用核函数为高斯（Gaussian）核函数，表达式如下：

$$K(u \cdot v) = \mathrm{e}^{-\gamma \|u - v\|^2} \qquad (4\text{-}39)$$

根据上述推导过程，可将极限学习机的输出表达如下：

$$f(x) = h(x) \cdot \boldsymbol{H}^{\mathrm{T}} \cdot \left(\frac{1}{\lambda} + \boldsymbol{H}\boldsymbol{H}^{\mathrm{T}} \right)^{-1} T = \begin{bmatrix} K(x, x_1) \\ \vdots \\ K(x, x_N) \end{bmatrix}^{\mathrm{T}} \cdot \left(\frac{1}{\lambda} + \boldsymbol{H}\boldsymbol{H}^{\mathrm{T}} \right)^{-1} T \qquad (4\text{-}40)$$

在这种情况下，核极限学习机（KELM）的隐含层特征映射仍处于未知状态，同时隐含层神经元数量 L 也无须设置。即将训练过程视为单步训练算法：对于给定的样本（x_i, t_i）和核函数 $K(u, v)$，KELM 的输出方程如下所示：

$$f(x) = \begin{bmatrix} K(x, x_1) \\ \vdots \\ K(x, x_N) \end{bmatrix}^{\mathrm{T}} \cdot \left(\frac{1}{\lambda} + \Omega_{\mathrm{ELM}} \right)^{-1} \cdot T \qquad (4\text{-}41)$$

但核函数与核心参数的选择对极限学习机的分类效果影响显著。现有研究通常使用先验知识选取核函数，同时在反复尝试中逐步优化相关参数。确定核函数之后，下一步工作即为选取最优核函数参数。本节在核函数参数寻优过程中用到 K-Fold 交叉验证、粒子群优化算法及遗传算法。

本节依据现有研究选择高斯核函数作为 KELM 分析的核函数。根据第 3 章中等比例模型平台以及振荡波仿真模型建立不同绕组状态数据库，选择相应数据分别进行 KELM 的训练和预测，具体流程如图 4-12 所示。

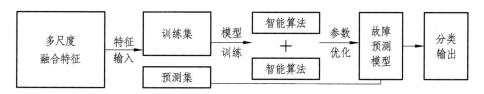

图 4-12　KELM 训练集预测流程

（1）将三个维度的样本随机分为训练集与预测集，训练集样本占总样本的 2/3，预测集样本占总样本的 1/3。

（2）通过 K-Fold 交叉验证、粒子群算法和遗传算法对高斯核函数进行寻优计算，确定故障预测模型。

（3）基于该模型对预测集数据进行故障位置的预测。

4.3.3　故障案例分析

1. 等比例牵引试验变压器

基于等比例牵引试验变压器和振荡波仿真模型获取轴向移位 108 个案例、饼间电容 90 个案例及饼间短路 90 个案例（原始 18 个案例，所有样本重复 5 次获取足够样本用于算法训练），共计 288 个案例作为样本进行分析和研究。随机选择

2/3 的案例用于训练集，其余 1/3 的案例用于预测集。为了体现振荡波分频段方法的有效性，分别对比原始极坐标、智能分频段和多分辨率分段下极坐标图的特征分类效果。

根据多尺度融合特征 GLCM 和 SID 的聚类特性，将原始极坐标图的特征数据全部输入 KELM 进行模型训练与智能识别。如表 4-2 所示列出了故障类型的识别结果，GLCM 和 SID 的特征识别结果相似，因此只需分析 GLCM 特征识别结果。原始极坐标图的特征对不同绕组状态的识别效果差异明显。饼间短路的识别准确率较高，故障位置的识别率可达 80% 及以上。饼间电容和轴向移位的识别准确率较低，两种故障的位置识别率仅有 50%，无法实现故障定位。将智能分频段与多分辨率分段极坐标图的特征数据全部输入 KELM 进行模型训练与智能识别。如表 4-3 所示，准确率有着非常大的提升，从 50% 提高到 90% 以上。上述结果表明智能分频段和多分辨率分段下极坐标图有效提升了故障位置识别率。

表 4-2　基于原始极坐标图特征的故障位置识别

序号	参数寻优算法	故障位置	饼间短路	饼间电容	轴向移位
1	K-Fold 交叉验证	顶部	77.08%	69.79%	68.75%
		中部	100%	72.91%	71.88%
		底部	83.33%	63.54%	76.04%
2	粒子群算法	顶部	85.42%	64.58%	68.75%
		中部	100%	72.92%	73.96%
		底部	88.54%	71.88%	88.54%
3	遗传算法	顶部	85.42%	62.50%	68.75%
		中部	100%	64.58%	73.96%
		底部	89.58%	64.58%	88.54%

表 4-3　基于智能分频段与多分辨率分段的极坐标图特征的故障位置识别

序号	参数寻优算法	故障位置	饼间短路	饼间电容	轴向移位
1	K-Fold 交叉验证	顶部	91.67%	97.92%	92.71%
		中部	90.63%	91.67%	90.63%
		底部	95.83%	91.67%	98.96%

续表

序号	参数寻优算法	故障位置	饼间短路	饼间电容	轴向移位
2	粒子群算法	顶部	95.83%	97.92%	96.88%
		中部	93.75%	93.75%	96.88%
		底部	91.67%	95.83%	98.96%
3	遗传算法	顶部	97.92%	97.92%	96.88%
		中部	91.67%	91.67%	92.71%
		底部	91.67%	93.75%	98.96%

2. 现场案例

为了验证该方法能够检测实体变压器的真实绕组故障。针对沈阳变压器研究院的一台 110 kV 电力变压器搭建平台开展相关测试，如图 4-13（a）所示。变压器的部分铭牌参数如表 4-4 所示。变压器结构以及外部套管连接方式如图 4-13（b）所示，高压绕组和中压绕组为 Y 连接，低压绕组为 △ 连接。测试方案如表 4-5 所示。分别针对高、中、低压绕组的 A、B、C 三相绕组进行测试。为了消除测试线缆的影响，使用相同型号与长度的线缆完成测试。为了消除测试误差带来的影响，同一状态下重复测量 10 次，同时采用 FFT 变换算法获得频域振荡波曲线。

（a）110 kV 电力变压器振荡波测试

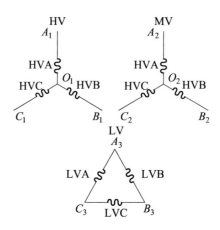

（b）110 kV 电力变压器结构图

图 4-13　基于振荡波的 110 kV 电力变压器现场测试

表 4-4　110 kV 电力变压器参数

参数	数据		
容量	50 MVA		
联结组标号	YNyn0d11		
额定电压	110 kV	38.5 kV	10 kV
额定电流	454 A	1 298 A	5 kA

表 4-5　电力变压器振荡波测试方案

测试对象	A 套管	B 套管	C 套管
高压绕组	O_1-A_1	O_1-B_1	O_1-C_1
中压绕组	O_2-A_2	O_2-B_2	O_2-C_2
低压绕组	A_3-C_3	A_3-B_3	C_3-B_3
	C_3-A_3	B_3-A_3	B_3-C_3

　　相比于标准曲线，高压绕组与低压绕组的测试结果表明绕组均处于正常状态，在此不详细描述。O_2 作为充电点，A_2 点作为信号采集点，A 相中压绕组的测试数据与参考曲线差异显著，测试结果如图 4-14（a）所示。为了更好地展现频域

振荡波特征，根据 2.1 节将曲线转化至频域，如图 4-14（b）和（c）所示。振荡波时域波形向右产生了明显偏移，频域曲线在中-高频段发生了显著的变化，尤其在（100~300 kHz）频段。依据相关标准初步分析：振荡波频域曲线在该频带偏移表明：绕组可能存在整体移位故障。

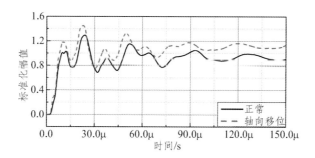

（a）时域振荡波波形

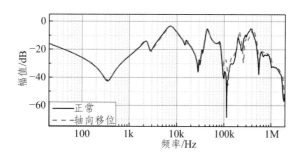

（b）频域振荡波幅频曲线

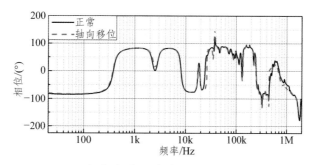

（c）频域振荡波相频曲线

图 4-14　110 kV 电力变压器轴向移位下振荡波曲线

为了定位变压器绕组故障区域，着重分析极坐标图的整体轮廓线变化以及散落点偏移。使用智能分频段方法和多分辨率分段分别对图 4-14（b）和（c）的振荡波频域曲线进行处理。通过动态分频段法将全频段划分为 6 个频段：FB_1（20 Hz~8.5 kHz）、FB_2（8.5~17.6 kHz）、FB_3（17.6~146.8 kHz）、FB_4（146.8~240.2 kHz）、FB_5（240.2~765.4 kHz）、FB_6（765.4 kHz~2 MHz）。由于 FB_4 频段的频域曲线变化最为显著，选择该频段曲线作为研究对象绘制极坐标图。同理使用多分辨率分段法对曲线进行处理，第八级曲线与原始曲线的相关系数小于 0.8，选择第七级分解曲线作为研究对象绘制极坐标图。针对第七级极坐标图与 FB_4 频段极坐标图，分别计算正常与故障案例的多尺度融合特征。

表 4-6　电力变压器的多尺度融合特征

	状态	GLCM	SID
原始极坐标图	正常	14	4
	故障	12.75	3.15
智能分频段（FB_4）	状态	GLCM	SID
	正常	14	4
	故障	13.54	3.54
多分辨率分段（第七级）	状态	GLCM	SID
	正常	14	4
	故障	12.78	3.89

相同故障下不同变压器振荡波频域曲线的变化规律大致相似，且 GLCM 和 SID 均为相对值，因此等比例试验平台的特征值变化规律可为电力变压器提供参考。试验变压器与电力变压器的频域曲线均在中频段发生偏移，且第七级分解曲线与试验变压器的第七级分解曲线光滑度相吻合。参考图 4-7、4-8 和图 4-10 分析电力变压器的故障位置，根据表 4-6 的计算可知：原始极坐标图、FB_4 频段的极坐标图与第七级极坐标图的 GLCM 和 SID 的数值均小于标准值。对比试验变压器的特征规律：只有整体移位故障发生在变压器绕组上部区域，GLCM 和 SID 数值均小于标准值，因此，推断电力变压器上部区域存在轴向移位故障。

为了验证振荡波法的高效性，针对该电力变压器开展了频率响应测试与工频耐压试验[见图 4-15（a）]，并计算了全部实验时间。由于在频率响应测试与工频耐压测试中，需要反复更换测试线缆与试验电源，使得整个测试时间长达 2 h。根据表 4-7，振荡波试验只用一次接线在 15 min 即完成了绕组结构与绝缘状态测试。完成对比试验分析后，工程师现场开展变压器检修，如图 4-15（b）所示。通过起吊有载调压开关，使用视频探头进行内部绕组结构分析。经检修发现电力变压器中压绕组的上部区域存在线圈移位的情况。即检修结果与理论分析保持一致,验证了故障定位方法的有效性。

（a）FRA 测试　　　　　　　　　（b）现场检修图

图 4-15　110 kV 电力变压器检修图

表 4-7　电力变压器的测试检修对比

对比项目	传统方法	高压振荡波法
接线次数	2	1
电源设备	频率响应测试仪	振荡波电源系统
	高压交流源	
测试时间	2 h	15 min

4.4　本章小结

基于典型故障下振荡波曲线特征规律,本章提出了适用于频域曲线的智能分频段方法与多分辨率分段方法,在此基础上联合极坐标图的多尺度融合特征与核极限学习机完成了变压器绕组智能故障定位。为了验证诊断方法的普适性,联合厂家针对实际变压器故障案例开展诊断工作,具体结论如下:

（1）联合振荡波幅频曲线与相频曲线绘制极坐标图。智能分频段法与多分辨率分段法可将原始极坐标图拆分成多张子图,其中智能分频段下的极坐标图适用于分析细节(散落点)变化,多分辨率分段下的极坐标图适用于分析全局(整体轮廓线）变化。

（2）基于图像纹理特征提出了多尺度融合特征 GLCM 和 SID，原始极坐标图下 GLCM 和 SID 的变化规律仅能用于识别饼间短路位置，饼间电容与轴向移位的位置识别率仅有 50%。智能分频段和多分辨率分段下极坐标图的 GLCM 和 SID 变化规律适用于饼间短路、轴向移位及饼间电容的定位，准确率提升至 90%以上。

（3）联合厂家对实际变压器故障案例开展实际测试，计算智能分频段与多分辨率分段下极坐标图的 GLCM 和 SID。依据特征值完成状态评估。理论分析结论与检修结果一致，表明了变压器绕组故障定位法的适用性。同时相比于传统变压器测试方法，单次振荡波法的测试时间仅为 15 min，检修时间大幅缩短。

5 基于振荡波多维变换的变压器绕组故障诊断研究

本书第 4 章基于振荡波分频段方法提取极坐标图的多尺度融合特征，建立了状态评估系统，实现了故障定位。明确故障类型及完成故障程度评估有助于确定下一步检修计划。由于变压器吊罩后目测排查内侧绕组故障具有一定挑战，故障分类及故障程度评估存在一定误差。为了辅助现场检修，建立状态评估系统实现智能故障诊断研究。

振荡波作为一种全新的变压器绕组测试方法，现有研究仅通过分析振荡波曲线整体变化来定性判断变压器绕组状态评估，尚未开展振荡波的特征与故障类型、程度的关联性研究。基于典型绕组故障下时域振荡波变化规律，本章提出了适用于时域曲线的图形变换方法与时频变换方法，联合特征智能筛选方法与支持向量机完成变压器绕组故障分类与故障程度评估。

5.1 振荡波多维变换及特征提取

5.1.1 振荡波图形变换及特征提取

1. 图形变换

根据 3.3 节的分析可知：振荡波时域曲线对典型绕组故障表现出状态评估的潜力。但上述研究内容提供的特征信息有限，无法基于此进一步开展研究。针对时域曲线的幅值与相位变化显著的特点，本节提出了一种全新坐标系（W-极坐标系），将时域波形转化为一个封闭图形。通过分析图形的变化规律进一步挖掘相关信息用于绕组状态评估。以图 3-26 中的参考曲线为例详细解析 W-极坐标系转化的具体步骤。如图 5-1（a）所示，根据 2.5 中的结论选取放电阶段的振荡波曲线作为研究对象。定义开关闭合初始点为 0 时刻，振荡完毕时刻 T 为结束点，分别记录这段时间内每个极值点幅值 A_i 及时刻 t_i。根据公式（5-1）将每个时刻转化为对应相位：

$$\theta_i = \frac{t_i}{T} \times 360°$$ （5-1）

其中，i 为第 i 个极值点。

根据上述公式可将极值点均转化为（A_i，θ_i）极坐标形式，联合所有极值点坐标绘制 W-极坐标图。如图 5-1（b）所示，该图像是一个包含数个棱角的多边形。

振荡波时域曲线大部分信息均涵盖在图形中：棱角数量等于极值点数量；棱角高度由极值点幅值决定；棱角相位角由极值点相位决定；振荡波时域曲线的定积分和 W-极坐标图像面积正相关。即 W-极坐标图与振荡波时域曲线紧密相关，可灵敏反映曲线变化。为有效提取封闭图形的相关特征及保证图形识别精度，针对图 5-1（b）的封闭图形使用二值化处理。W-极坐标图与原点之间区域设置为黑色，外部区域设置为白色。同时图片大小定义为 H=1 000 像素、W=1 000 像素，得到如图 5-1（c）所示的二值化图形，便于进行数学形态学运算。

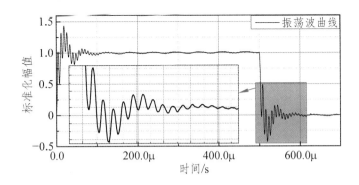

（a）振荡波时域曲线

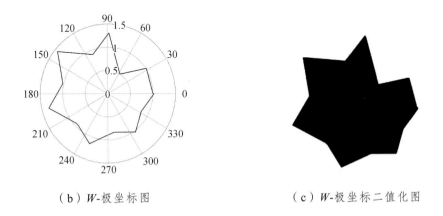

（b）W-极坐标图　　　　　　　（c）W-极坐标二值化图

图 5-1　振荡波时域曲线转化图

为了验证 W-极坐标图故障诊断的可行性，选取不同绕组状态下振荡波放电阶段的曲线绘制成相应 W-极坐标图，如图 5-2 所示。不同故障下 W-极坐标图变化与时域曲线是单一映射关系，且 W-极坐标图的故障灵敏度更高。饼间电容下时域波形向右偏移且幅值略微上升；W-极坐标图的棱角相位逆时针旋转且高度上升。饼间短路下时域波形的极值点数量显著增加，幅值大幅上升；由于极值点数量变化使得 W-极坐标图发生了极其明显的变化，棱角数量变多、高度显著增加，且各个棱角与原始图像的棱角不存在对应关系。轴向移位下时域波形向右偏移且幅值小幅上升，W-极坐标图的棱角同样逆时针旋转且高度上升。综合理论分析与实际波形变化规律可知：W-极坐标图与时域波形紧密关联性，具备了故障分类的可行性。同时图形特征优势在于对振荡波极值点幅值和相位变化具有更高的灵敏度，能够提供更多维度的信息用于特征提取，例如边界特征、区域特征等。因此，有必要针对该图形进一步提取相关特征建立绕组状态的关联性研究。

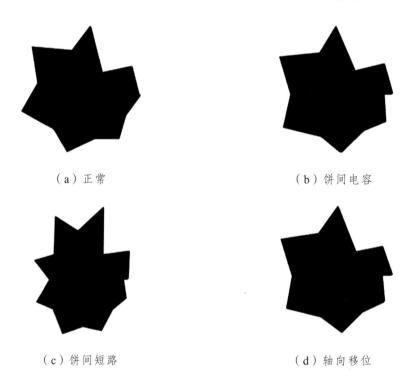

（a）正常 　　　　　　　　　　　　　　（b）饼间电容

（c）饼间短路 　　　　　　　　　　　　（d）轴向移位

图 5-2　不同故障下 W-极坐标图

2. 基于 W-极坐标图的特征提取

尚未对不同绕组状态下 W-极坐标图变化趋势进行系统研究，单纯依靠图形整体变化会极大地增加故障诊断难度。若能将图形变化规律量化将会有助于进一步判断故障。为此本节提出了采用区域特征定量描述图形变化。相关特征如下详述：

质心坐标：定义一个物体质量集中的假想点为质心。对于一个封闭平面几何的质心是几何中心，即是重心。质心坐标变化能够准确反映 W-极坐标变化。每个点的坐标分别定义为 (x_i, y_i)，$i = 1, 2, 3, \cdots, n$，则质心坐标计算公式如下：

$$x_0 = \frac{\sum_{i=1}^{n} m_i x_i}{\sum_{i=1}^{n} m_i}, \quad y_0 = \frac{\sum_{i=1}^{n} m_i y_i}{\sum_{i=1}^{n} m_i} \tag{5-2}$$

图形面积：面积是图形的一个基本特征，用于描述图形的大小。针对一张二值化灰度图形定义目标图形区域灰度值为1，非目标区域的灰度值为0。设定目标图形 R 的像素边长为单位长，则面积 A 的计算方法如下：

$$A = \sum_{(x,y) \in R} 1 \tag{5-3}$$

矩形度：定义目标图形对于最小外接矩形的充满程度为矩形度，即该图形面积 A 与最小外接矩形面积 A_{MER} 之比，矩形度的表达式如下：

$$R = \frac{A}{A_{MER}} \tag{5-4}$$

其中，A 为图形面积；A_{MER} 为最小外接矩形的面积。

偏心度（e）在一定程度上描述了图形的紧凑性，使用图形长轴长度和短轴长度之比计算其数值，表达式如下：

$$x_0 = \frac{1}{n} \sum_{x \in R} x \tag{5-5}$$

$$y_0 = \frac{1}{n} \sum_{y \in R} y \tag{5-6}$$

$$m_{ij} = \sum_{(x,y) \in R} (x - x_0)^i (y - y_0)^j \tag{5-7}$$

$$e = \frac{(m_{20} - m_{02})^2 + 4m_1}{A} \tag{5-8}$$

其中，x_0 和 y_0 为平均向量；m_{ij} 为第 ij 阶矩。

5.1.2 振荡波时频变换及特征提取

1. 时频变换

振荡波作为一种非平稳暂态信号，时频分布特性可用于实现绕组的状态评估。信号时频分布是指信号在时域中心和频域中心的扩展情况，即不同时间段内振荡波信号的各个频率分量变化规律。根据现代信号处理的相关研究：信号的时宽与带宽的乘积为常数，即时间分辨率与频率分辨率存在制约关系。这表明信号的时宽与带宽无法同时趋近无穷小，当时宽较小时，带宽必定上升；当带宽较小时，时宽必定上升。因此寻求适合于振荡波信号的时宽和带宽是必要的。

傅里叶变换可将任意信号分解为无穷多个复正弦信号，上述信号的幅度、频率和相位均为非时变。因此傅里叶变换无法实现时间与频率的定位，仅适用于时不变信号。振荡波信号作为非平稳信号，在不同时间范围内的频率分量呈现明显差异。为了解决该问题，可考虑截取局部信号，逐段采用傅里叶变换进行频域分析，该种分析方法称为短时傅里叶变换。然而根据第 2 章的研究可知：振荡波信号中包含多种频率分量，不同频率分量在不同时间段的衰减速率呈现显著差异。因此，针对振荡波信号使用固定窗宽的短时傅里叶变换无法满足时间与频域分辨率的要求。

为了满足不同窗宽间采用自适应时频分辨率的要求，使用小波变换求解振荡波信号的时频分布图。该信号分析技术可理解为用一组分析宽度不断变化的基函数对 $x(t)$ 做分析，这一变化正好适应了对信号分析时在不同频率范围需要不同的分辨率这一基本要求。给定义一个基本函数，令

$$\psi_{a,b}(t) = \frac{1}{\sqrt{a}}\psi\left(\frac{t-b}{a}\right) \tag{5-9}$$

其中，a,b 均为常数，且 $a>0$。显然，$\psi_{a,b}(t)$ 是基本函数 $\psi(t)$ 先向右移位 b 再做伸缩 a 后得到的。若 a,b 不断地变化，可得到一组函数 $\psi_{a,b}(t)$。针对给定平方可积的信号 $x(t)$，小波变换的定义为：

$$WT_x(a,b) = \frac{1}{\sqrt{a}}\int x(t)\cdot\psi^*\left(\frac{t-b}{a}\right)dt$$
$$= \int x(t)\cdot\psi_{a,b}{}^*(t)dt = \langle x(t),\psi_{a,b}(t)\rangle \tag{5-10}$$

其中，a、b、t 均为连续变量。

信号 $x(t)$ 的小波变换 $WT_x(a, b)$ 是 a 和 b 的函数，其中 b 是时移参数，a 是尺度参数。依据 4.1.2 节研究选用 sym6 作为小波母函数，使用小波包变换得到振荡波的全频段信息。小波包分解树的结构如图 5-3 所示，全频段信号在第三层被分解为 8 个频段，分别为 $a_7 \sim a_{14}$。基于该方法逐一针对不同绕组状态下振荡波曲线求解时频分布图，参考 4.2.1 节和 5.1.1 节的图片处理方法，图片采用统一标准。

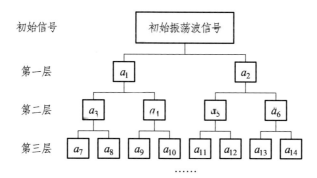

图 5-3 小波包分解树结构

如图 5-4 所示，时频分布图的横坐标为时间序列，纵坐标对应于小波包分解的各频带序列，从下至上分别为 $a_7 \sim a_{14}$。时频分布图揭示了不同时间序列及频带序列下振荡波能量分布规律与衰减特性。相关特征均包含在图片的颜色变化中，其中图像的颜色变化与能量分布紧密相关。图 5-4 所示为正常状态下的振荡波时频分布图，能量主要集中在频带 a_7。该频带的颜色深浅变化规律与时域波形的波动规律相似，即时频分布图能够准确反映振荡波信号的时域及频域特性。

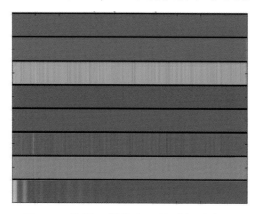

图 5-4 绕组正常状态下的时频分布图

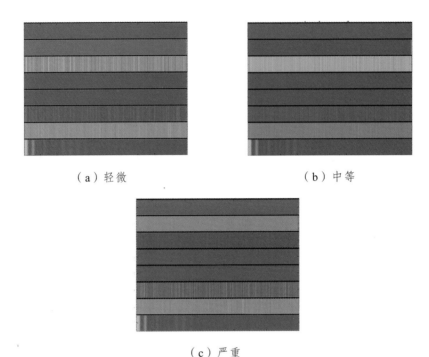

（a）轻微 （b）中等

（c）严重

图 5-5 饼间电容-不同故障程度下的时频分布图

为进一步验证时频分布图的故障灵敏性，分别绘制不同故障程度下的图像，如图 5-5 和图 5-6 所示。根据故障机理分析可知：饼间电容下频域曲线的高频段发生改变，因此时频分布图的高频带（$a_{12}\sim a_{14}$）的颜色分布特性发生明显改变，轴向移位故障下频域曲线的中高频段改变，因此时频分布图的中频带及高频带（$a_9\sim a_{14}$）发生明显变化。与此同时，随着故障程度的增加使得高频段的颜色差异明显增加，即振荡波时频图展现出故障程度评估的潜力。结合上述分析可知：振荡波信号的时频分布图与信号变化紧密相关。

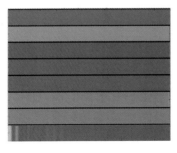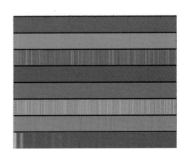

（a）轻微 （b）中等

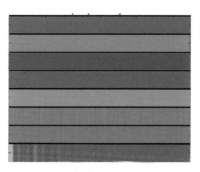

（c）严重

图 5-6 轴向移位-不同故障程度下的时频分布图

2. 基于时频分布图的特征提取

颜色特征属于图像的全局特征，可用于描述图像特定区域的景物表面性质。基于图像的各个像素点完成颜色特征的计算，即属于图像或相关区域的像素均与颜色特征相关。同时作为一种广泛应用于图像检索和目标识别的视觉特征，颜色特征的优势在于对图像尺寸、方向以及视角的依赖性较弱，具有较高的稳定性，常用的颜色特征具有直方图特征、颜色聚合向量特征和颜色矩。由于人眼对于色彩经验感知与 HSV 颜色空间划分接近，且 HSV 颜色空间可准确直观地体现出色调、鲜艳程度和明暗程度。为此基于 HSV 颜色空间计算特征值进行图像对比。

（1）直方图特征。

定义目标图像的总像素为 n，包含 L 个灰度等级，灰度为 k 的像素共计 n_k 个，灰度直方图的表达式如下：

$$h_k = \frac{n_k}{n}, \ k = 0, 1, \cdots, L-1 \tag{5-11}$$

图像的灰度直方图与灰度概率密度估计紧密相关，在此基础上计算相关特征，例如平均值 $\overline{f}$、方差 σ_f、能量 f_N 及熵 f_E，其表达式如下：

$$\overline{f} = \sum_{k=0}^{L-1} k \cdot h_k \tag{5-12}$$

$$\sigma_f^2 = \sum_{k=0}^{L-1} (k - \overline{f}) \cdot h_k \tag{5-13}$$

$$f_N = \sum_{k=0}^{L-1} (h_k)^2 \tag{5-14}$$

$$f_{\mathrm{E}} = -\sum_{k=0}^{L-1} h_k \cdot \log_2 h_k \qquad (5\text{-}15)$$

图像的颜色空间 3 个分量 H、S、V 的 15 个直方图特征表示如下：

$$F_{HF} = \begin{bmatrix} h_{h_k} & h_{\bar{f}} & h_{\sigma_f^2} & h_{f_{\mathrm{N}}} & h_{f_{\mathrm{E}}} \\ s_{h_k} & s_{\bar{f}} & s_{\sigma_f^2} & s_{f_{\mathrm{N}}} & s_{f_{\mathrm{E}}} \\ v_{h_k} & v_{\bar{f}} & v_{\sigma_f^2} & v_{f_{\mathrm{N}}} & v_{f_{\mathrm{E}}} \end{bmatrix} \qquad (5\text{-}16)$$

（2）颜色矩。

最常用的颜色矩是 3 个低阶矩：一阶矩（$Mean$）描述的是不同颜色分量的平均程度；二阶矩（Sig）描述的是图像中各个颜色分量的方差；三阶矩（Ske）描述的是不同颜色分量的偏斜度，具体公式如下：

$$Mean = \frac{1}{n} \sum_{i=1}^{n} p_{ij} \qquad (5\text{-}17)$$

$$Sig = \sqrt{\frac{1}{n} \sum_{j=1}^{N} (p_{hj} - \mu_i)^2} \qquad (5\text{-}18)$$

$$Ske = \left[\frac{1}{n} \sum_{j=1}^{N} (p_{hj} - \mu_i)^2 \right]^{\frac{1}{3}} \qquad (5\text{-}19)$$

其中，P_{ij} 代表第 i 种颜色分量像素为 j 的值，n 为图像的像素点的个数。

图像的颜色空间 3 个分量 H、S、V 的 9 个颜色特征表示如下：

$$F_{\mathrm{color}} = \begin{bmatrix} h_{\mathrm{Mean}} & s_{\mathrm{Mean}} & v_{\mathrm{Mean}} & h_{\mathrm{Sig}} & s_{\mathrm{Sig}} & v_{\mathrm{Sig}} & h_{\mathrm{Ske}} & s_{\mathrm{Ske}} & v_{\mathrm{Ske}} \end{bmatrix}$$

$$(5\text{-}20)$$

（3）颜色聚合向量。

针对颜色矩无法定位图像色彩空间位置的缺点，一种全新的图像特征（颜色聚合向量）应运而生。颜色聚合向量包含了图像像素的空间颜色分布特征，具有更好的图像像素定位效果，具体计算步骤如下：

① 量化：针对任一颜色分量均匀量化为 n 个颜色区间，得到颜色像素值矩阵。

② 划分连通区域：将上一步骤中的颜色像素值矩阵，基于图像像素连接特征将其分割成多个小区域，即对一个区域 C 中，任意两个像素点 P_1 和 P_n 之间都存在一条通路，称 C 为连通区域（$P_i \in C$，且 P_i 和 P_{i+1} 相邻，相邻是指周围的 8 个像素点）。

③ 判断聚合性：颜色像素值矩阵划分为多个连通区域，统计每一个独立的连通区域 C 中的像素数，根据阈值 ε（总像素数 N 的 1%）判断连通区域 C 中像素的聚合性：当 $N \geq \varepsilon$ 时，为聚合像素 D；当 $N < \varepsilon$ 时，为非聚合像素 W。

④ 聚合向量：根据上述判断依据统计各连通区域中的聚合像素 D 和非聚合像素 W，则该颜色分量的颜色聚合向量可以表示为：$<(D_1, W_1), (D_2, W_2), \cdots, (D_n, W_n)>$。

⑤ 特征参数：将图像多个颜色分量进行颜色聚合向量的计算。由于传统颜色聚合向量只定义单个指标，无法提供足够的信息用于进一步研究。为此提出两个改进的全新指标（D_{std} 和 W_{std}）分别从细节和整体维度描述图像间的差异性。D_{std} 用于描述图像之间单个聚合像素差异的总和；W_{std} 用于计算整张图片聚合像素的总差异。

$$D_{std} = \frac{\sum_{i=1}^{n}\left(|D_i - d_i| + |W_i - w_i|\right)}{\frac{1}{n}\sum_{i=1}^{n}\left(|D_i + W_i|\right)} \tag{5-21}$$

$$W_{std} = \frac{\sum_{i=1}^{n}\left(|D_i + W_i|\right) - \sum_{i=1}^{n}\left(|d_i + w_i|\right)}{\frac{1}{n}\sum_{i=1}^{n}\left(|D_i + W_i|\right)} \tag{5-22}$$

其中，D_i、W_i 为参考图像的颜色聚合向量；d_i、w_i 为比较图像的颜色聚合向量。

5.2 特征智能筛选和聚类分析

5.2.1 特征智能筛选及组合方法研究

针对 W-极坐标图与时频分布图提取出 4 个区域特征、15 个直方图特征、9 个颜色矩特征以及 2 个颜色聚合向量特征。由于不同特征的故障灵敏度存在差异，如若仿照 4.2 采用多尺度融合特征分析 W-极坐标图和时频分布图，故障灵敏度会降低，聚类效果会变差。为了有效解决该问题，本节提出了一种特征智能筛选的方法：所有特征中筛选出具有高故障灵敏度的特征，组合成复合特征，完成绕组状态评估。该方法的流程图及具体步骤如图 5-7 所示。

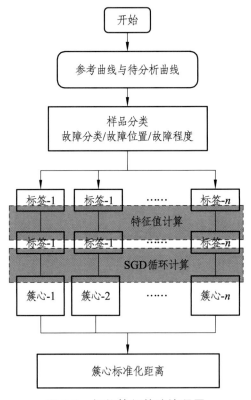

图 5-7 智能特征筛选流程图

步骤 1：数据采集。

采集正常及典型故障状态下的振荡波曲线。

步骤 2：数据分类。

将绕组故障类型与故障程度作为分类依据，将所有数据样本划分为不同组别，分别标记上不同标签。

步骤 3：特征组合。

单一特征无法提供足够的信息用于故障诊断，为了选择合适的特征组合，将数个特征组合为一个组合特征。基于上文中提出的共计 26 个颜色特征和 4 个区域，根据公式（5-23）可得到 n 个特征组合：

$$n = n_1 + n_2 \tag{5-23}$$

$$n_1 = C_{26}^1 + C_{26}^2 + \cdots + C_{26}^{26} \tag{5-24}$$

$$n_2 = C_4^1 + C_4^2 + \cdots + C_4^4 \tag{5-25}$$

其中，n_1 为颜色特征组合；n_2 为区域特征组合。

步骤 4：特征筛选。

基于步骤 2 中不同标签的数据组依次计算 n 个组合特征值。针对同一个复合特征，计算不同标签组簇心坐标。根据公式（5-26）计算出不同标签组簇心的标准化距离和 $D_{c\text{-}std}$，$D_{c\text{-}std}$ 与该特征聚类效果呈现正相关，聚类效果越好会使得 $D_{c\text{-}std}$ 数值越大。

$$D_{c\text{-}std} = \frac{\sum\limits_{i=1}^{\frac{n \cdot (n-1)}{2}} d_i}{\sum\limits_{i=1}^{n} A_i} \tag{5-26}$$

其中，d_i 为两个不同标签组间的簇心距离；A 为标签组的簇心坐标，该坐标维数由复合特征包含的特征个数决定。

5.2.2 组合特征聚类分析

1. 故障分类

依据图 5-7 的方法从区域特征中进行筛选及组合，计算结果表明：图形质心对于绕组故障类型具有较高聚类效果。为了便于分析典型故障下的质心坐标变化情况，参考笛卡儿坐标系的象限划分，将质心偏移的区域划分为 4 个区间（右上、右下、左上、左下）。W-极坐标系中任意点均可表示为 (A, θ) 形式，该方式的缺点在于质心坐标变化时，A 与 θ 的灵敏度较低，因此，将极坐标改写为直角坐标形式，如图 5-8 所示。设定正常变压器状态下振荡波时域曲线的 W-极坐标图质心坐标为 (x_0, y_0)，其他绕组状态下振荡波曲线 W-极坐标图的质心坐标为 (x_i, y_i)。在此基础上，217 种绕组状态下 W-极坐标图的质心偏移特征如图 5-9 所示。不同故障类型下质心分布具有较好的聚类性。当饼间短路发生时，质心沿 X 轴负方向偏移，分布在区间 2 和区间 3。当轴向移位发生时，质心沿 X 轴负方向和 Y 轴方向偏移，在区间 1 至区间 4 均有分布。当饼间电容发生时，质心沿 X 轴正方向偏移，分布在区间 1 和区间 4。不同故障下 W-极坐标图的质心分布聚类效果良好，可用于进一步的故障分类研究。

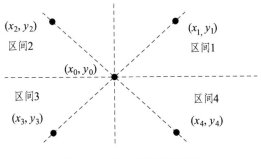

图 5-8　质心偏移示意图

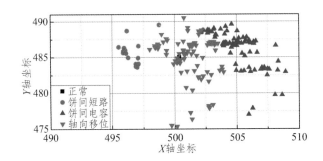

图 5-9　基于 W-极坐标图质心的故障定位图

2. 故障程度评估

依据图 5-7 的方法对颜色特征进行筛选及组合，计算结果表明：颜色矩组合特征（$h_{\mathrm{Ske}}+s_{\mathrm{Ske}}$、$h_{\mathrm{Mean}}+s_{\mathrm{Mean}}$ 和 $h_{\mathrm{Sig}}+s_{\mathrm{Sig}}$）对于绕组故障程度具有较高的聚类效果。表 5-1 和图 5-10 为 217 种绕组状态下组合特征数值表与分布图。由于饼间短路无法设置故障程度，只分析轴向移位和饼间电容。如图 5-10（a）所示，饼间电容的故障程度通过 $h_{\mathrm{Ske}}+s_{\mathrm{Ske}}$ 和 $h_{\mathrm{Mean}}+s_{\mathrm{Mean}}$ 的特征值变化进行区分。当发生轻微故障时，$h_{\mathrm{Ske}}+s_{\mathrm{Ske}}$ 的数值小于 0.72；当发生中等故障时，$h_{\mathrm{Mean}}+s_{\mathrm{Mean}}$ 的数值大于 0.43；严重故障下 $h_{\mathrm{Sig}}+s_{\mathrm{Sig}}$ 的数值小于 0.465。由图 5-10（b）可知：轴向移位的故障程度能通过 $h_{\mathrm{Ske}}+s_{\mathrm{Ske}}$ 和 $h_{\mathrm{Sig}}+s_{\mathrm{Sig}}$ 的特征值变化进行区分。当发生轻微故障时，$h_{\mathrm{Ske}}+s_{\mathrm{Ske}}$ 的数值小于 0；当发生严重故障时，$h_{\mathrm{Sig}}+s_{\mathrm{Sig}}$ 的数值小于 -0.2；当发生中等故障时，$h_{\mathrm{Ske}}+s_{\mathrm{Ske}}$ 的数值大于 0 且 $h_{\mathrm{Sig}}+s_{\mathrm{Sig}}$ 的数值大于 -0.2。综合上述分析可知：基于颜色矩的组合特征可以完成饼间电容和轴向移位的故障程度分类。

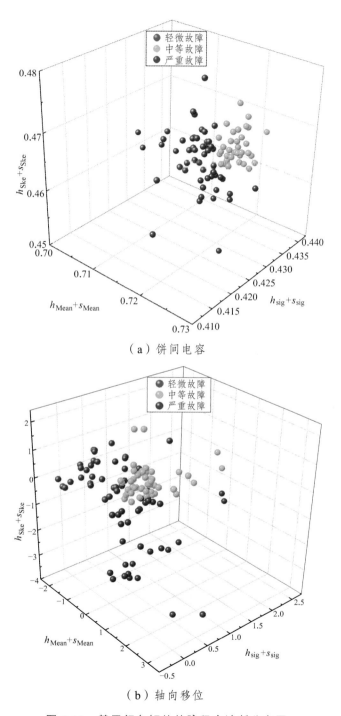

（a）饼间电容

（b）轴向移位

图 5-10 基于颜色矩的故障程度诊断分布图

表 5-1　不同故障程度下的组合特征数值表

故障类型	故障程度	组合特征		
		$h_{Ske}+s_{Ske}$	$h_{Mean}+s_{Mean}$	$h_{Sig}+s_{Sig}$
轴向移位	轻微	<0	>-0.2	>-0.2
	中度	>0	>-0.2	>-0.2
	严重	>0	>0.2	<-0.2
饼间电容	轻微	<0.72	<0.43	>0.465
	中度	>0.72	>0.43	>0.465
	严重	>0.72	<0.43	<0.465

5.3　基于支持向量机的故障分类及故障程度评估

作为一种经典智能学习方法，支持向量机（SVM）于 1995 年首次提出至今已经得到了广泛应用。不同于其他传统统计学算法基于经验风险最小化（ERM）原理，支持向量机算法是一种基于结构风险最小化（SRM）原理的新型机器学习算法。SVM 能够在分类模型复杂性与学习泛化能力间取得最佳平衡，兼顾计算效率与分类效果，实现了普适高效的有监督分类。SVM 的优势：

（1）能有效适用于故障案例较为有限的模式识别问题。

（2）可将智能分类问题变换为二次规划问题，避免人工神经网络中的局部极小点，得到全局最优解。

（3）使用不同的核函数实现数据维度提升，解决低维度数据的线性不可分问题。

5.3.1　基本原理

1. 线性可分类

假定一组训练样本集合 $D = \{(x_1, y_1), (x_2, y_2), \cdots, (x_m, y_m)\}$，$y_i \in \{-1, +1\}$ 包含两种样本，其中"加号"和"减号"分别代表两种不同的样本类型，如图 5-11 所示。针对线性可分类样本集合 D，寻找超平面可完成分类。该平面如下：

$$\boldsymbol{Z}^T x + j = 0 \qquad\qquad (5\text{-}27)$$

其中，$\boldsymbol{Z} = (z_1; z_2; \cdots; z_d)$ 为与超平面方向紧密相关的法向量，j 为该超平面与原

点之间的位移距离。

由于样本属于线性可分数据，因此存在超平面（$\boldsymbol{Z}, j$）可准确分类训练样本。即当（x_i, y_i）$\in D$，若 y_i=+1，则有 $\boldsymbol{Z}^T x_i + j > 0$；若 y_i=−1，则有 $\boldsymbol{Z}^T x_i + j < 0$。令

$$\begin{cases} \boldsymbol{Z}^T x_i + j \geq +1, & y_i = +1 \\ \boldsymbol{Z}^T x_i + j \leq -1, & y_i = -1 \end{cases} \tag{5-28}$$

图 5-11 中距离超平面最近的样本使用黑色圆圈标注，这些样本称为"支持向量"（support vector）。不同种类支持向量与超平面的距离和为向量间隔（margin）：

$$D = \frac{2}{\parallel \boldsymbol{Z} \parallel} \tag{5-29}$$

超平面的分类效果与向量间隔的数值呈现正相关，若要使得向量间隔 D 最大仅需最大化 $\parallel \boldsymbol{Z} \parallel^{-1}$（最小化 $\parallel \boldsymbol{Z} \parallel^2$），分类问题即可转化为如下约束问题：

$$\min_{w,b} \frac{1}{2} \parallel \boldsymbol{Z} \parallel^2, \quad \text{s.t.} \ y_i(\boldsymbol{Z}^T x_i + j) \geq 1, i = 1, 2, \cdots, m \tag{5-30}$$

针对公式（5-30），使用 Lagrange 乘子法实现对偶问题求解：

$$\max_{\alpha} \sum_{i=1}^{m} \alpha_i - \frac{1}{2} \sum_{i=1}^{m} \sum_{k=1}^{m} \alpha_i \alpha_k y_i y_k x_i^T x_k, \tag{5-31}$$

$$\text{s.t.} \sum_{i=1}^{m} \alpha_i y_k = 0, \alpha_i \geq 0, i = 1, 2, \cdots, m$$

通过求解公式（5-31）可得最终的决策函数模型为

$$f(x) = \boldsymbol{Z}^T x + j = \sum_{i=1}^{m} \alpha_i y_i x_i^T x + j \tag{5-32}$$

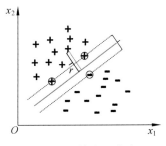

图 5-11　支持向量与间隔

2. 线性不可分类

训练样本的多元性与复杂性使得绝大多数工程无法实现线性可分，如图 5-12（a）所示。为了解决线性不可分类的问题，考虑将低维空间中的样本映射到高维特征空间后实现线性可分，如图 5-12（b）所示。

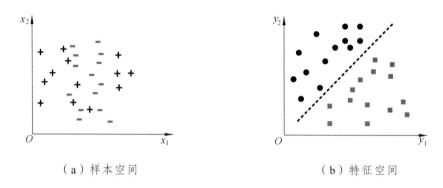

（a）样本空间　　　　　　　　　　（b）特征空间

图 5-12　非线性映射图示

向量 $\boldsymbol{x}$ 从低维空间映射到高维空间，对应的特征向量定义为 $\phi(\boldsymbol{x})$，其对偶问题如下：

$$\max_{\alpha} \sum_{i=1}^{m} \alpha_i - \frac{1}{2} \sum_{i=1}^{m} \sum_{k=1}^{m} \alpha_i \alpha_k y_i y_k \phi(x_i)^{\mathrm{T}} \phi(x_k)$$

$$\text{s.t.} \sum_{i=1}^{m} \alpha_i y_i = 0, \alpha_i \geqslant 0, \ i = 1, 2, \cdots, m \tag{5-33}$$

加入满足美世（Mercer）条件的核函数 $k(x_i, x_j)$ 求解 $\phi(\boldsymbol{x}_i)^{\mathrm{T}} \phi(\boldsymbol{x}_j)$：

$$k(x_i, x_k) = \langle \phi(x_i), \phi(x_k) \rangle = \phi(x_i)^{\mathrm{T}} \phi(x_k) \tag{5-34}$$

将式（5-34）代入式（5-33）可得

$$\max_{\alpha} \sum_{i=1}^{m} \alpha_i - \frac{1}{2} \sum_{i=1}^{m} \sum_{k=1}^{m} \alpha_i \alpha_k y_i y_k k(x_i, x_k)$$

$$\text{s.t.} \sum_{i=1}^{m} \alpha_i y_i = 0, \alpha_i \geqslant 0, \ i = 1, 2, \cdots, m \tag{5-35}$$

同理求解公式（5-35）可得最终的决策函数模型为：

$$f(x) = \boldsymbol{Z}^{\mathrm{T}}\phi(x) + j = \sum_{i=1}^{m}\alpha_i y_i \phi(x_i)^{\mathrm{T}}\phi(x) + j$$

$$= \sum_{i=1}^{m}\alpha_i y_i k(x, x_i) + j \qquad （5-36）$$

5.3.2　核函数选择及优化

根据 5.3.1 节中理论分析可知：支持向量机性能的好坏与核函数的类型及相关参数紧密相关。目前关于支持向量机核函数的最优选择方法未形成统一标准，通常使用先验知识选取核函数，同时在反复尝试中逐步优化相关参数。相关选择方法大致分为以下两种。

（1）试凑法：基于现有核函数分别进行训练和测试，在结果中寻找最优分类效果的核函数。

（2）经验选择法：参考现有案例，根据经验总结选取最优核函数。

确定支持向量机的核函数后，下一步工作就是选取最优核函数参数，例如惩罚参数 C。本文在核函数参数寻优过程中使用网格搜索算法、人工蜂群算法及布谷鸟寻优算法。

本文依据现有研究选择径向基函数作为核函数，将低维度的样本数据通过径向基函数实现空间升维，进而完成不同样本数据的分类。根据等比例试验平台与振荡波仿真模型求解不同绕组状态数据库，选择相应数据分别进行支持向量机的训练和预测，具体流程如图 5-13 所示。

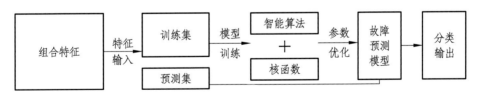

图 5-13　SVM 训练集预测流程

（1）将三个维度的样本随机分为训练集与预测集，训练集样本占总样本的 2/3，预测集样本占总样本的 1/3。

（2）通过网格搜索法、粒子群算法和遗传算法分别对惩罚系数 C 和核参数 g 进行寻优计算，确定故障预测模型。

（3）基于该模型对预测集数据进行故障类型与故障程度的预测。

5.3.3 故障案例分析

1. 等比例牵引试验变压器

基于等比例牵引试验变压器和振荡波仿真模型获取轴向移位 108 个案例、饼间电容 90 个案例、饼间短路案例 90 个案例（原始 18 个案例，所有样本重复测试 5 次获取足够样本用于算法训练），共计 288 个案例作为样本进行分析和研究。随机选择 2/3 的案例用于训练集，其余 1/3 的案例用于预测集。为了验证特征智能筛选与组合方法的有效性，选择质心、颜色矩组合特征输入支持向量机完成训练与预测。

如表 5-2 所示为绕组故障类型诊断结果。W-极坐标图的质心偏移规律对故障类型的识别准确率普遍在 95% 及以上。饼间短路的识别率高达 100%。由于饼间电容和轴向移位下振荡波曲线变化不够显著，所以不同状态下的特征值变化存在少量重叠，使得识别率有一定下降。表 5-3 所示为绕组故障程度评估结果，颜色矩组合特征的故障程度识别准确率较高：饼间电容和轴向移位的故障程度识别准确率均高达 90% 及以上。上述结果表明所提出的质心特征与时频图特征用于故障分类与故障程度评估时，具有较高的识别结果。

表 5-2　基于 W-极坐标图像质心的故障类型识别

序号	参数寻优算法	故障类型	准确率
1	网格搜索算法	轴向移位	95.83%
		饼间短路	98.96%
		饼间电容	100%
2	人工蜂群算法	轴向移位	95.83%
		饼间短路	97.92%
		饼间电容	94.79%
3	布谷鸟寻优算法	轴向移位	96.88%
		饼间短路	96.88%
		饼间电容	95.83%

表 5-3 基于颜色矩组合特征的故障程度识别

序号	参数寻优算法	故障位置	饼间电容	轴向移位
1	网格搜索算法	轻微	94.79%	94.79%
		中等	90.63%	91.67%
		严重	90.63%	89.58%
2	人工蜂群算法	轻微	88 54%	89.58%
		中等	98.96%	83.33%
		严重	96.88%	94.79%
3	布谷鸟寻优算法	轻微	91.67%	89.58%
		中等	98.96%	80.21%
		严重	90.63%	91.67%

2. 电力变压器故障案例分析

基于振荡波频域特征曲线初步分析故障类型可能为轴向移位。为了进一步明确故障类型，针对车载变压器正常与故障下振荡波时域曲线求解质心坐标。根据表 5-5 的计算结果可知：相较于正常质心坐标，故障案例下质心坐标向左下角偏移，即分布在区间 3。综合分析可知：实际故障类型可能为饼间短路或轴向移位。而饼间短路对频域曲线全频段均有显著影响，而曲线的低频段几乎不发生显著变化。因此推断电力变压器的故障为轴向移位，该结论与检修结果完全一致，证明了故障分类方法的可行性。

5.4 本章小结

基于典型故障下振荡波曲线特征规律，本章提出了适用于时域曲线的图形变换与时频变换方法，针对 W-极坐标图与时频分布图提取了区域特征与颜色特征。使用特征智能筛选与组合方法得到质心与颜色矩组合特征，联合支持向量机完成了变压器绕组故障分类与故障程度评估。为了验证诊断方法的普适性，联合厂家针对实际变压器故障案例开展诊断工作，具体结论如下：

（1）提出了适用于振荡波时域波形的图形变换方法。该方法将时域波形转换

到 W-极坐标系中成为一个封闭图形，通过分析图形质心偏移特征实现故障分类。联合智能算法优化完成绕组状态识别：饼间短路的识别率达到 100%，饼间电容和轴向移位的识别率在 90%以上。

（2）提出了适用于振荡波时域波形的时频变换方法。该方法将时域波形转换为时频分布图，使用颜色特征定量描述图像变化。同时提出了一种智能特征筛选及组合方案：颜色矩组合特征（$h_{Ske}+s_{Ske}$、$h_{Mean}+s_{Mean}$ 和 $h_{Sig}+s_{Sig}$）对饼间电容和轴向移位的故障程度识别正确率达到 90%以上。

（3）联合厂家对实际变压器故障案例开展实际测试，计算质心坐标与颜色矩组合特征，依据特征值进行状态评估。理论分析结论与检修结果一致，表明变压器绕组故障诊断方法的可适用性。

参考文献

[1] 刘振亚. 全球能源互联网[M]. 北京: 中国电力出版社, 2015.

[2] 中国电力企业联合会. 中国电力行业年度发展报告 2021[M]. 北京: 中国电力出版社, 2021.

[3] WANG S, et al. Calculation and analysis of mechanical characteristics of transformer windings under short-circuit condition[J]. IEEE Transactions on Magnetics, 2019, 55(7): 1-4.

[4] 李冰阳. 电力变压器短路冲击累积效应的机理研究[D]. 武汉: 华中科技大学, 2016.

[5] FONSECA W S, LIMA D S, et al. Analysis of structural behavior of transformer's winding under inrush current conditions[J]. IEEE Transactions on Industry Applications, 2018, 54(3): 2285-2294.

[6] 徐剑, 邵宇鹰, 王丰华, 等. 振动频响法与传统频响法在变压器绕组变形检测中的比较[J]. 电网技术, 2011 (6): 213-218.

[7] WANG M, VANDERMAAR A, SRIVASTAVA K D. Review of condition assessment of power transformers in service[J]. Electrical Insulation Magazine, IEEE, 2002, 18(6): 12-25.

[8] 孙翔, 何文林, 詹江杨, 等. 电力变压器绕组变形检测与诊断技术的现状与发展[J]. 高电压技术, 2016, 42(4): 1207-1220.

[9] 电力行业高压试验技术标准化技术委员会. 电力变压器绕组变形的电抗法检测判断导则: DL/T 1093[S]. 北京: 中国电力出版社, 2008.

[10] 电力行业高压试验技术标准化技术委员会. 电力变压器绕组变形的频率响应分析法: DL/T 911[S]. 北京: 中国电力出版社, 2016.

[11] 张凡, 汲胜昌, 师愉航, 等. 电力变压器绕组振动及传播特性研究[J]. 中国电机工程学报, 2018, 38(9): 2790-2798.

[12] 金淼, 张若兵, 杜钢. 考虑振荡波衰减特性的电缆局放模式识别方法[J]. 高电压技术, 2021, 47(7): 2583-2590.

[13] 江俊飞. 高速铁路大型变压器绕组频率响应建模及故障诊断研究[D]. 成都: 西南交通大学, 2019.

[14] 吴振宇, 周利军, 周祥宇等. 基于振荡波的变压器绕组故障诊断方法研究[J]. 中国电机工程学报, 2020, 40(1): 348-357.